JN000254

叶内拓哉（写真・文）

野鳥 で出会える

成美堂出版

もくじ

第 3 章 農耕地

はじめに

　ここ数年で「バードウォッチング」という言葉はずいぶん浸透してきたようだ。これまでの「野鳥観察」には、敷居が高いイメージがあったようだが、最近ではテレビなどでも野鳥にフォーカスされた自然番組が増えてきた印象があるし、バラエティ番組でも人気の野鳥が話題になっていたりする。綺麗、可愛い、カッコイイ鳥を、自分でも実際に見たいと思う人も多くなっているのかもしれない。

　自然が好きで、自然に興味がある、自然に少しでも触れたいと考えている人は案外多いし、なかなか時間は取れなくても、健康のために少しは散歩をしようとか、通勤通学や買い物の際にはなるべく歩こうと考えている人が結構多いということもよく耳にする。

　そんなふうに、歩くことに前向きな人なら、手っ取り早い自然との触れ合い方は「野鳥観察」がうってつけだと思う。ただ歩くのではなくて、「野鳥を見る」というアンテナを張っていれば、いつでも、どこででも野鳥観察はできるので、自分なりの楽しみ方をぜひ、見つけてほしい。

　ちょっと街中を歩くときにも、これまでとは違う視点で周囲を見るだけで、いろいろな鳥の姿があることに気づくだろう。何かが空を飛んでいる。道路の上を歩いている。電線や木に止まっている。小さな空き地の草から何か飛び出した、などなど。案外、思いがけないところに野鳥の姿はある。

　近年の加速度的な野鳥減少は著しいので、多少は探す努力は必要な場合もあると思うが、特別な道具がなくても、近所を一回りするだけで数種類の野鳥には出会えるはずだ。小さな池なら大丈夫だが、大きな公園の広い池などでは、やはり、どうしても、せめて双眼鏡くらいは必要になるが、まずは、とにかく歩いてみることから始めよう。

　そして、見つけた鳥の名前を調べて、一種類ずつでも知っている鳥が増えていったら、散歩の楽しさは倍増すると思う。

叶内拓哉

本書の使い方

　本書は、近所の街中や裏山、ちょっとした遠出でも日帰りで行く大きな公園などを想定し、気軽な散歩で行けそうな場所をまず5つに分けて、その環境ごとに見られそうな鳥を掲載している。選んだ鳥の種類数は約150種。

　とはいっても、その環境はあくまでも目安であって、「比較的良く見られる場所」という視点で区分けしたものなので、飛んで移動する鳥が別の場所に現れることは当然あり得ることである。この点は、ご了承いただきたい。

　写真下のラベルは上が環境で（**B**）、下は渡り区分を表す（**C**）。ページ上には鳥の種名タイトルが入り、種名の上に、その鳥の分類の目名と科名を入れた。枠内に大きさ（全長）、分布、鳴き声、時期を示し（**A**）、コラムには、その鳥の図鑑的なこと以外のエピソードを入れた（**D**）。

　本文の上には、その鳥を一番簡単に示す言葉、キャッチコピーのようなものをまず載せて、本文には繁殖のことや、食べもののこと、行動の説明などを記した。写真は種類ごとに2〜5点で構成し、それぞれの写真下のキャプションには、主にその鳥の形態を記した。

Ⓐ データ

その鳥の大きさ、国内の分布、鳴き声、観察できる時期に色をつけたカレンダーを記載している。

Ⓑ 生息環境

その鳥が主に生息している環境を「街の中」「公園」「農耕地」「山麓」「水辺」に分けて紹介している。

Ⓒ 渡り区分

鳥の移動距離の違いや移動する時期をもとに「留鳥」「夏鳥」「冬鳥」「旅鳥」「漂鳥」「外来種」に分けて紹介している。

●**留鳥**……一年中日本に生息している野鳥

●**夏鳥**……春に南から飛来して秋に南に帰る野鳥

●**冬鳥**……秋に北から飛来して春に北に帰る野鳥

○**旅鳥**……春に南から飛来し、秋に南に帰る途中に日本に滞在する野鳥

○**漂鳥**……夏に山地や北方で繁殖し、冬に平地や南方に降りてくる野鳥

●**外来種**……もともと日本にはいなかったが、人為的に他国から日本に入ってきた野鳥

Ⓓ コラム

その鳥のおもしろい生態や名前の語源、豆知識などをコラムにして紹介している。

← ウメの花の蜜を吸うメジロ

用語解説

種の標準和名 しゅのひょうじゅんわめい
同じ鳥でも、地方によって呼び名に違いがあったりすると学問上不便なので、日本の野鳥の学会が決めた名前。

種 しゅ
自然界に生息する生物の基本単位。

亜種 あしゅ
種を細分した分類上の単位で、同種ではあるが繁殖地が異なり、羽色や姿形に違いがあるものが区別される。種によって、たくさんの亜種に分かれているものや亜種に分化していない種もいる。

留鳥 りゅうちょう
同一場所に一年を通して見られる鳥だが、種によっては個体が入れ替わったりする。たとえば、ヒヨドリは冬に見られる個体と、春から秋に見られる個体とは入れ替わっている場合がある。しかし、識別はほとんどできない。

漂鳥 ひょうちょう
国内を季節移動する鳥で、日本の北部で繁殖し、それよりも南で越冬するものや、高地で繁殖し、低地で越冬するものなど。日本の留鳥はこれに当たる種が多い。

夏鳥 なつどり
春に日本よりも南の地域から渡って来て繁殖し、秋には南の地域へ渡って越冬する鳥。

冬鳥 ふゆどり
秋に日本よりも北の地域から渡ってきて越冬し、春には北の地域へ渡って行って繁殖する鳥。

旅鳥 たびどり
渡りの途中に日本に立ち寄る鳥で、日本よりも北の国で繁殖し、日本よりも南の国で越冬する鳥。

成鳥 せいちょう
野鳥は一般的に成鳥までに何度か羽色が変化するが、羽色がそれ以上変化しなくなった年齢の鳥を成鳥と呼んでいる。

若鳥 わかどり
明確な規定はなく、幼鳥から成鳥になるまでの間の個体。スズメやメジロのように生まれてから成鳥になるまで羽色はほとんど変化しないもの、カモメ類のように4〜5年もかかって段階的に変化して成鳥になるものなど、いろいろいる。

幼鳥 ようちょう
卵からかえって、第1回目の換羽をするまでの個体。

換羽 かんう
羽毛が抜け換わること。どの種も定期的に、汚れたり、傷んだりした古い羽毛は新しい羽毛に生え換わる。

夏羽 なつばね
繁殖にかかわる羽毛のこと。一般的に冬羽に比べて鮮やかで、目立つ羽色のことが多く、例外もあるが、雄のほうが雌よりも鮮やか。また、カモ類の多くは秋の換羽で夏羽になるが、これは越冬中に番い形成をするから。

冬羽 ふゆばね
夏羽に対する羽毛のこと。多くの種は繁殖が終わる頃から定期的に換羽が行われ、夏羽よりも目立たない羽色になる。

エクリプス
カモ類の雄に見られる特殊な羽色のこと。繁殖後の一時期、雄は翼などの羽がいっぺんに抜けて飛べなくなるうえに、他の羽毛も換羽し始めるので、初冬までの間は雌のような羽色になる。この時期の羽色をエクリプスと呼んでいる。

繁殖地 はんしょくち
繁殖する地域のこと。

越冬地 えっとうち
冬を過ごす地域のこと。

繁殖期 はんしょくき
繁殖にかかわる時期のこと。

非繁殖期 ひはんしょくき
繁殖期に対する言葉で、繁殖にかかわらない時期のこと。

さえずり
主に繁殖期に小鳥類の雄が雌に求愛するときや、縄張り宣言をするときの鳴き声。

地鳴き じなき
さえずり以外の鳴き声。「ピッ」「チッ」などの単純な声が多い。

ぐぜり
さえずりに似た、つぶやくような小さな鳴き声。

縦斑（縦線） じゅうはん（じゅうせん）
脊髄に対して平行な羽模様のこと。

横斑（横線） おうはん（おうせん）
脊髄に対して直角にある羽模様のこと。

羽ばたき飛行
翼をパタパタ羽ばたいて飛ぶこと。

帆翔飛行 はんしょうひこう
（ソアリング）
翼を広げたまま羽ばたかず、上昇気流を利用して飛ぶこと。

滑翔飛行 かっしょうひこう
（グライディング）
羽ばたき飛行の間に入れる飛行のことで、数回羽ばたいては翼を広げて滑るように飛ぶこと。

停空飛行 ていくうひこう
（ホバリング）
翼を小刻みに羽ばたいて、空中の一点に浮いたように止まって飛ぶ。

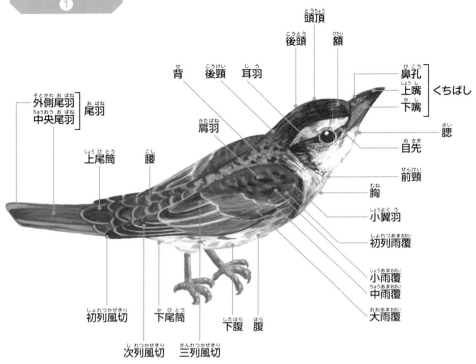

頭頂
_{とうちょう}

後頭
_{こうとう}

額
_{ひたい}

背
_せ

後頸
_{こうけい}

耳羽
_{じう}

鼻孔
_{びこう}

上嘴
_{じょうし}

下嘴
_{かし}

くちばし

腮
_{さい}

目先
_{めさき}

前頸
_{ぜんけい}

胸
_{むね}

小翼羽
_{しょうよくう}

初列雨覆
_{しょれつつあまおおい}

小雨覆
_{しょうあまおおい}

中雨覆
_{ちゅうあまおおい}

大雨覆
_{おおあまおおい}

外側尾羽
_{そとがわおばね}

中央尾羽
_{ちゅうおうおばね}

尾羽
_{おばね}

肩羽
_{かたばね}

上尾筒
_{じょうびとう}

腰
_{こし}

初列風切
_{しょれつつかぜきり}

下尾筒
_{かびとう}

下腹
_{したはら}

腹
_{はら}

次列風切
_{じれつかぜきり}

三列風切
_{さんれつつかぜきり}

●翼上面

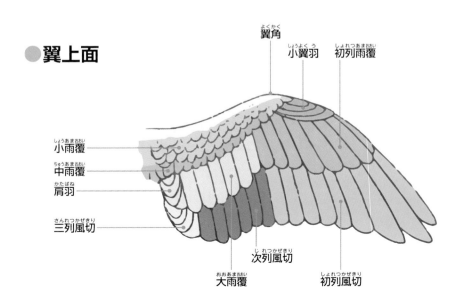

翼角
_{よくかく}

小翼羽
_{しょうよくう}

初列雨覆
_{しょれつつあまおおい}

小雨覆
_{しょうあまおおい}

中雨覆
_{ちゅうあまおおい}

肩羽
_{かたばね}

三列風切
_{さんれつつかぜきり}

次列風切
_{じれつかぜきり}

大雨覆
_{おおあまおおい}

初列風切
_{しょれつつかぜきり}

●小鳥の顔

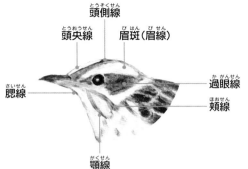

頭側線（とうそくせん）
頭央線（とうおうせん）
眉斑（眉線）（びはん・びせん）
過眼線（かがんせん）
頬線（ほおせん）
腮線（さいせん）
顎線（がくせん）

●フクロウの顔

羽角（うかく）
瞬膜（しゅんまく）
顔盤（がんばん）

アイリング（目のまわりのリング状の模様）
虹彩（こうさい）
瞳孔（どうこう）

●サギ

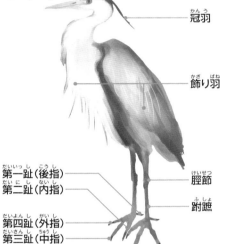

冠羽（かんう）
飾り羽（かざりばね）
第一趾（後指）（だいいっし・こうし）
第二趾（内指）（だいにし・ないし）
第四趾（外指）（だいよんし・がいし）
第三趾（中指）（だいさんし・ちゅうし）
脛節（けいせつ）
跗蹠（ふしょ）

●翼下面

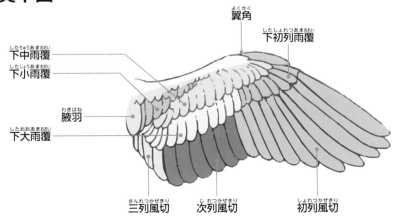

翼角（よくかく）
下初列雨覆（したしょれつあまおおい）
下中雨覆（したちゅうあまおおい）
下小雨覆（したしょうあまおおい）
腋羽（わきばね）
下大雨覆（したおおあまおおい）
三列風切（さんれつかぜきり）
次列風切（じれつかぜきり）
初列風切（しょれつかぜきり）

●尾羽の形

かく び	まる び	えん び	おう び	とつ び	くさび お
角尾	円尾	燕尾	凹尾	凸尾	くさび尾

●羽の名称

うえん 羽縁 ── 羽先 はさき

ないえん 内縁

がいえん 外縁

ないべん 内弁 ── 外弁 がいべん

じくはん 軸斑

羽軸 うじく

●全長の計測方法

全長（L）足が体から出ない鳥　　　全長（L）足が体から出ている鳥

全長　　　全長

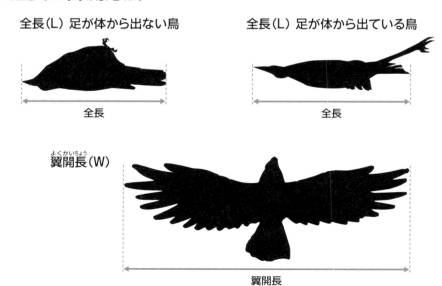

よくかいちょう
翼開長（W）

翼開長

●歩き方

歩く（ウォーキング）　　　　　跳ね歩く（ホッピング）

●飛び方

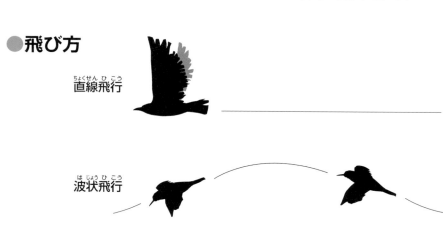

直線飛行

波状飛行

滑翔（グライディング）

帆翔（ソアリング）

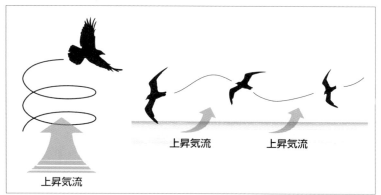

上昇気流

上昇気流　　　　上昇気流

停空飛行
（ホバリング）

野鳥が見られる場所

　野鳥は環境によって生息する種類が違う場合が多い。もちろん、飛べるので、区切った環境のそこだけにいるというわけではないが、その環境で出会うことが多いと思われる場所を大きく5つに分けてみた。それぞれの場所での見つけ方のポイントなどを記した。

　野鳥観察はどこででもできるが、まずはいちばん身近な庭が観察地だ。鳥が隠れられるような植え込みがあって、花蜜を吸える花や木の実のなる木があれば、きっと鳥はやって来ている。特に冬は、食べものが少なかったり、水不足だったりするので、餌台や水場を作ってあげる

1

家の庭や街路樹など

① **庭**（左写真）

② **街路樹**（右写真）

のも良いだろう。餌台にはアワやヒエ、ヒマワリの種子などを置いてみよう。パン屑やご飯のほかに、リンゴやミカンを好む種類もいる。水場は、水を入れた水盤を置くだけでも良いので簡単にできる。

そして、庭を出て、ちょっと街中を歩いたときは、必ず空を見上げてみよう。

きっと何か飛んでいるはずだ。人家の屋根や電線、街路樹の木の梢など、高いところに止まる種類もいる。道路や空き地などの地上を歩く鳥もいるし、人間をあまり恐れない鳥も案外いて、いろいろなところに鳥影はあるはずだ。

2

林や池もある大小の公園など

❶ 大きな公園の林（左写真）

❷ 公園にある池（右写真）

近所の小さな公園でも、季節によっては夏鳥や冬鳥に出会えることがある。大きな公園なら、木も多いだろうし、大きな池もあるかもしれないので、その場所ごとに違う種類が生息し、別の季節なら、また別の鳥が見られる。何度でも通って木の種類を確認し、木の実のなる木、花が咲く時期などをチェックして、その公園に詳しくなれば、見られる鳥の種類もきっと増えてくるだろう。

　まず、最初に注目するのは池だ。木の枝や葉に邪魔されずに見通せることが多いので、池の鳥は見つけやすい。水鳥ではなくても、水浴びや水を飲みに来る鳥がいるかもしれない。次は池のまわりの地上や、林の林縁部、梢などにも目を向けよう。

　8月下旬から10月にかけてと、4、5月には夏鳥が通過することがあるので、鳴き声にも注意して歩いてみよう。

3

畑や水田、休耕田など

① 畑などの農耕地、草地（左写真）

② 田んぼ（右写真）

畑や水田などの農耕地は、適度に人の手が入っていることで、案外鳥影は多い。耕した直後の土からは虫が出てくることがあるし、収穫し残した作物に鳥がやって来ることも多い。乾燥のためにわざと置いてあったかもしれない豆の畑に小鳥が群がっていたことがあるし、水が張られたばかりの田植え前後の水田にはカエルなどの小動物も現れるので、それをねらうサギ類などの姿もある。刈り取られた後の田んぼには、落ち穂や二番穂があるので、よく鳥がやって来る。そんな農耕地の畦も忘れないで見てみよう。

　また、放置された休耕田にはいろいろな草が生えるので、草の種子に小鳥が付いていることも多い。その草地の広さにもよるが、ある程度の草丈があれば、猛禽類などがねぐらにしていることもある。その近くの林縁部にはタカなどの大物の姿もあるかも知れない。

4

山麓の丘陵や雑木林など

❶ 丘陵地（左写真）
❷ 雑木林（右写真）

ここでは山野の鳥が見られる場所を取り上げるが、ふだんの散歩で気軽に歩く場所となると、平地から標高500〜600メートルほどまでの丘陵地くらいの場所だろう。場所によっては軽いハイキングに行くような感覚のところで、地域の人がいわゆる「山」と呼んでいるような山麓や雑木林をイメージしている。

　こういう場所では、春から初夏にかけては鳴き声を頼りに探すしかなく、鳴き声以外では動きまわる影を頼りに探すこととになり、これはなかなかハードルが高いと思われる。

　一方、冬場には木の葉も落ち、見通しがかなり良くなるので探しやすくなる。完全な冬ではなくても、鳥が好む木の実がある場所を見つけられれば、ハードルはかなり低くなる。木によっては熟す時期や、やって来る鳥の種類は異なるので、偶然に出会える楽しさもあるが、やはり、回数を重ねるのが良いだろう。

5

川や湖沼、干潟などの水辺

❶ 川や湖沼、湿地（左写真）

❷ 干潟（右写真）

水辺での野鳥観察は、障害になる木や建物など、邪魔になるものが少ないので、いちばん見つけやすい環境ではある。しかし、簡単には近づけない場合も多く、遠すぎて、肉眼だけでの観察は難しくなってくる。道具がなくても野鳥観察はできると言ってきたが、小さな池以外の水辺では、やはり、どうしても、せめて双眼鏡くらいは必要になる。

　川や湖沼の場合は、水辺の縁と水面から突き出ている石や棒杭に注意。中州も

重要で、よどみなどに覆い被さった草木も確認するポイントだ。干潟はほかの水辺とは違い、潮の干満に左右される。満潮時間を確認してから見に行き、潮が引き始めるのを待っているのが良い。休息地からシギ類やチドリ類が採食のために干潟に戻ってくるのを待ち受けるのだ。観察に良い時期は、秋は8月から10月、春は4月から5月頃までの渡り期がベストだ。

たわわに実ったカキノキに群れるスズメ

第 1 章

街の中

家の庭や街路樹など

スズメ

成鳥(左)と若鳥(右)。雌雄同色。成鳥のくちばしは真っ黒で、若鳥は基部が黄色。頬の黒斑は個体によって違う。

春にはサクラの花をちぎり取って、付け根の子房部分の花蜜をよく吸う。

巣立ち後2～3週間くらいは、親鳥（右）はヒナ（左）に食べ物を与える。

街の中　留鳥

大きさ	全長14cm
分　布	ほぼ全国
鳴き声	チュン、チュチュ
時　期	①②③④⑤⑥⑦⑧⑨⑩⑪⑫

スズメの名前の語源

鳴き声の「チュンチュンメ」からスズメとなった。また、小さいことを意味する「スズ」に、群れを表す「メ」をつけてスズメになったともいわれる。

日本人には最も身近で親しみやすい鳥

スズメは人家のあるところで生活しており、廃村になったりして人が住まなくなると、スズメの姿も見られなくなるといわれている。春から夏にかけて、屋根瓦の隙間や樹洞、郵便受けやブロックなどの人工物の穴や隙間に枯れ草などを運び入れて営巣する。巣立ち後は群れになり、越冬期には若鳥中心の大きな群れになるが、近年はかなり減少傾向にある。

シジュウカラ

雌雄ほぼ同色。頬の部分が白いので、ホオジロと混同されることも多い。背の上部は黄緑色で美しい。

雌。喉から腹部につながる黒い帯は、雄に比べて細いのが普通。

雄。黒い帯は雌に比べて太く、足の付け根部分まで黒い。

街の中 留鳥

おなじみのネクタイ姿 どこでも観察できる鳥

繁殖期は番いで生活し、繁殖が終わると群れになって木々を動き回る。秋に入る頃には、エナガやメジロ、コゲラなどと混群を作って行動するようになる。また、8月下旬頃から10月頃までは、繁殖を終えた夏鳥のセンダイムシクイなども混群に混じっていることがある。3月頃からは「ツツピ、ツツピ……」と梢でさえずっては、縄張りを主張している。

大きさ	全長14〜15cm
分 布	ほぼ全国
鳴き声	ツピィ、ジュクジュク
時 期	1 2 3 4 5 6 7 8 9 10 11 12

シジュウカラは4亜種

九州以北に生息するのは亜種シジュウカラ。それよりも南の亜種ほど羽色の黒色部が大きく、亜種イシガキシジュウカラの白い部分は非常に少ない。

27

スズメ目 | ムクドリ科

ムクドリ

雌雄ほほ同色。雌雄や年齢によって全体の羽色の違いは多少あるが、くちばしと足ははっきりと黄色い。

秋から冬にはいろいろな木の実を採食する。この実はトキワサンザシ。

子育て中には昆虫類のほか、クワやサクラの実などをヒナに運ぶ。

街の中

留鳥

大きさ	全長24cm
分 布	ほぼ全国
鳴き声	ギュル、チッ、キュ
時 期	①②③④⑤⑥⑦⑧⑨⑩⑪⑫

ムクドリの名前の語源

よく群れるから、見た目がムクムクしているように見えるから、ムクノキに巣を作るなど、名前の語源には諸説あり、いろいろといわれている。

夕暮れ時に群れで飛んでいたり電線に群がって止まっている鳥

夏の終わりから初冬まで、ムクドリの大群が、毎年決まってどこかでニュースなる。駅前や繁華街の街路樹などを大群でねぐらにするため、鳴き声の騒音や糞の被害が話題になるのだ。いろいろな対策が講じられるものの、決定的な打開策は見つかっていないようだ。また、人家の雨戸の隙間などにも営巣することがあり、これも嫌われる要因になっている。

ヒヨドリ

雌雄同色。全体に灰色で、目の後方の耳羽という部分は茶色。一見すると結構スマートな鳥に見える。

花蜜が大好物。サクラにくちばしを差し込んで蜜を吸う。

秋と春の渡りの時期には、あちらこちらで移動する群れが見られる。

街の中　留鳥

庭の木の実に群れで来て食べ尽くしてしまう灰色の鳥

鳴き声は騒がしいが、全体的には地味な色合いで、よく見るとなかなか美しいという評判もある。一年中、どこででも姿は見られているが、実は繁殖期と非繁殖期では見ている個体の多くは入れ替わっているということがわかってきている。近所にいた個体は冬期に南へ移動し、北に生息していた個体が冬期に南下してきているということがあるのだ。

大きさ	全長27〜28.5cm
分 布	ほぼ全国
鳴き声	ピーヨ
時 期	①②③④⑤⑥⑦⑧⑨⑩⑪⑫

実を食べた糞で種まき

「ヒーヨヒーヨ」とにぎやかに鳴きながら、庭木の花を丸ごと食べてしまうので嫌われがちだが、木の実を食べて種子を運ぶ役割も果たしている。

ハクセキレイ

雌雄ほぼ同色。冬に橋桁やビルなどの棚、駅前の木などをねぐらにするので、糞公害で嫌われることがある。

雄。雄の夏羽は頭頂からの上面は黒いが、冬羽は背などが灰色になる。

雌。雌の成鳥は背からの上面がほぼ一年中灰色で、幼鳥は頭部も灰色。

大きさ	全長21cm
分 布	九州以北
鳴き声	チュチュン
時 期	①②③④⑤⑥⑦⑧⑨⑩⑪⑫

セキレイ類の歩き方

セキレイ類は左右の足を交互に出す「ウォーキング」という歩き方をする。歩くときに腰から尾羽にかけて上下に忙しく動かすのも特徴だ。

長い尾羽でリズムを取りながら都会の駐車場を歩く白っぽい鳥

顔全体が白くて、頭頂から頸の後ろ側にかけてと目にかかっている過眼線が黒いが、よく似ているセグロセキレイは顔全体が黒く、目の上の眉斑だけが白い。同じ仲間のキセキレイは「チチンチチン」と高音で鳴き、セグロセキレイは「ジュジュ」と濁った声、ハクセキレイは「チュチュン」と鳴くので、よく見るセキレイ類3種の声は聞き分けられる。

オナガ

雌雄同色。頭部が黒く、背は
淡青灰色で、翼は全体に水色。
成鳥の尾羽は長く、中央尾羽
2枚の先端は白い。

飛翔はわずかに波状飛行で、ほぼ直線
的に飛ぶ。

カキの実を食べに来た親子。手前と左
のゴマ塩頭が幼鳥。

街の中　留鳥

黒いベレー帽を被った
水色が美しいカラスの仲間

一年を通して群れで生活している。特に朝夕
には「ギーキュキュキュ」などと鳴きながら
飛び、移動しては採食する姿を目にするが、
日中は木々の中などにいることが多いので見
かける機会は結構少なくなる。カラスの仲間
なので、天敵の猛禽類やヘビなどには集団で
攻撃し、血気盛んにタカなどを追い回して、
撃退する様子をしばしば見かける。

大きさ	全長35〜37cm
分布	本州の中部以北
鳴き声	ギューイ、ゲェー、ギュイキュキュキュ
時期	① ② ③ ④ ⑤ ⑥ ⑦ ⑧ ⑨ ⑩ ⑪ ⑫

生息地域が変化

昔は九州にも生息していたが、今では
ほとんど見られないという。現在は、
愛知県北部から福井県の一部と、それ
よりも北の本州だけに生息。

ハト目 | ハト科
キジバト

雌雄同色。全体に灰褐色で、頸横の青灰色と紺色の縞模様はよく目立つ。これは、ドバトとの識別点になる。

羽虫などの寄生虫を殺すために、よく翼を開いて日光浴を行う。

繁殖期には雄は、翼を羽ばたかずに飛んで上空を旋回する。

街の中　留鳥

大きさ	全長32〜35cm
分布	全国
鳴き声	デデポーデデポオーポオー
時期	①②③④⑤⑥⑦⑧⑨⑩⑪⑫

山鳩と呼ばれた訳

キジバトは昔、郊外の畑地や山地で生活していて、都会では冬にしか見られなかったから。近年は木が多いところなら、都会でも一年中見られる。

以前は山鳩と呼ばれていた純粋に野生のハト

鳥は下を向いてくちばしを水につけて口に水を含み、その後上向きになって喉に流し込んで飲むが、ハトの仲間はくちばしを水の中に入れたままごくごくと飲むことができる。食べものは植物質のものが中心だが、「そのう」という内臓で動物性タンパク質のピジョンミルクに変えてヒナに与えることができるので、季節に関係なく冬でも繁殖できる。

ハト目 | ハト科

ドバト

雌雄同色。群れで生活するのが普通。羽色には個体変異が多く、全体に真っ白なものから、真っ黒なものまでいる。

野生のカワラバトに一番近い羽色をした個体。

ほぼ真っ黒な個体。頸のまわりに紫と緑色の光沢があるものが多い。

駅前や神社仏閣
川原などにも群れているハト

ヨーロッパでカワラバトを改良し、愛玩用や食用、電信用に飼育された人工品種。後にレース用として飼育されたものが逃げ出し、それが野生化して駅前などに群れで生活する。ハトの帰巣本能は強いらしく、それを利用したレースは世界でも行われている。その訓練で数百km離れたところから群れで放たれるなど、一定の場所を飛ぶ訓練が行われている。

大きさ	全長33〜35cm
分 布	ほぼ全国
鳴き声	ウーウー、グルゥ
時 期	①②③④⑤⑥⑦⑧⑨⑩⑪⑫

いつでも繁殖できる

ドバトもピジョンミルクでヒナを育てる。街路樹やマンションのベランダなどにも、簡単な巣を作って一年中繁殖できるので、個体数は増加傾向だ。

街の中　留鳥

ハシボソガラス

雌雄同色。全身が真っ黒で、紫色と青色の金属光沢がある。歩き方は「ウォーキング」のことが多い。

ハシボソガラス。上嘴は盛り上がってはおらず、額からくちばしにかけてはなだらか。

お辞儀するように、頭を上下に動かすことを繰り返しながら「ガー」と鳴く。

鳴きながら頭を下にさげたときの姿勢。

街の中　留鳥

大きさ	全長50cm
分布	九州以北
鳴き声	ガァーガァー
時期	①②③④⑤⑥⑦⑧⑨⑩⑪⑫

頭が良い鳥ナンバーワン

クルミの実を空中から落としたり、車にひかせたりして硬い殻を割って中身を採食する。野鳥の中で最も頭の良い鳥だと言われている。

お辞儀するように頭を上下に動かしながら鳴くカラス

本来は郊外の畑地や川原などを主な生活の場としてきたが、近年は都心部にも多く生活するようになった。地上を歩きまわり、昆虫類や草木の実などをよく採食している。また、獲物が多く獲れたりすると、樹木の割れ目などの物陰に隠して貯える行動もする。ねぐら入りの時は群れになるので、ハシブトガラスと共に人には迷惑がられることもある。

ハシブトガラス

雌雄同色。ハシボソガラスと同じ色をしていて見分けにくいが、歩き方は「ホッピング」が多い。

ハシボソガラスのようなお辞儀はせずに、上向きで鳴く。

ハシブトガラスの上嘴は盛り上がって見えて、額とくちばしの角度が90度くらい。

市街地のゴミ集積場で
ゴミをあさるカラス

本来は山岳地帯で生活するカラスだったが、ビル街に吹くビル風を山の谷間を吹く風のように利用したり、人が出したゴミを食料にすることで数が増加してきた。繁殖期に巣の近くを通る人を襲うことがよく話題になるが、近年はゴミの出し方に注意するようになってきて、カラスの個体数は減少してきたようだ。しかし、まだ街から追い出せてはいない。

大きさ	全長56.5cm
分布	ほぼ全国
鳴き声	カァーカァー、アーアー、カポンカポン
時期	① ② ③ ④ ⑤ ⑥ ⑦ ⑧ ⑨ ⑩ ⑪ ⑫

カラスの名前の語源

「ス」は鳥のことで「カー」「ガー」と鳴く鳥、ということでカラスとなった。ハシはくちばしのことで、くちばしが太いハシブトと細いハシボソ。

スズメ目｜ヒタキ科

ジョウビタキ

雄。雄の頭部は白っぽくて、顔や喉は黒く、腹部と腰はオレンジ色でよく目立つ。中央尾羽2枚は黒い。

雌。雄のような派手さはないが、目がくっきりしている分、可愛く見える。

雄。雌雄ともに翼に白斑があることから「紋付き」とも呼ばれる。

大きさ	全長14cm
分 布	ほぼ全国
鳴き声	ヒッヒッ・カッカッ
時 期	①②③④ 5 6 7 8 9 ⑩⑪⑫

ヒタキの名前の語源

数種類いる「〜ヒタキ」は、ジョウビタキの「ヒッヒッ」という鳴き声を火打ち石を叩くようだと聞いて、「火焚き」がヒタキとなったものだ。

電線や屋根などで尾羽を上下に動かしている小鳥

晩秋の頃にシベリア方面から冬鳥としてやって来て、雌雄に関係なく1羽で一定の縄張りを持ち、3月頃まではその場所で生活する。4月下旬頃になると、北への渡り途中の場所で見かけるようになるが、そういう個体はほとんどが番いで行動している。十数年ほど前から日本で繁殖する個体が確認され、岐阜県や長野県を中心にその数は年々増加している。

街の中 漂鳥

36

雄成鳥。ここまで綺麗な色の雄成鳥は非常に少ない。この個体は最低でも4年はたっていると思われる。

スズメ目 ヒタキ科

ルリビタキ

雌成鳥と思われる。羽色は雌雄でかなり違う。昨年生まれの雄との見分けは難しい。

若鳥。小雨覆と翼角部分に青色があり、2年目の雄個体だと思われる。

街の中 漂鳥

脇がオレンジ色で
雄成鳥は美しい青い小鳥

樹木があって、ある程度開けている都心の公園や広い庭などに、雌雄に関係なく1羽で縄張りを持って生活する。雄の成鳥は鮮やかな青色をしているので、簡単に見つかりそうに思うが、案外目立たなくて見つけにくい。若い雄は雌によく似た羽色なので、雌雄を見分けるのは難しい。ジョウビタキによく似た鳴き声なので、声は探す手立てになる。

大きさ	全長14cm
分布	ほぼ全国
鳴き声	ヒッヒッ、ピチュチュリリリ
時期	①②③④⑤⑥⑦⑧⑨⑩⑪⑫

夏は山で会えるかも

亜高山帯で繁殖していて、初夏の頃には背の高い針葉樹の頂で「ピッチュチュリリ」と、冬には聞かれない声でさえずっている。

スズメ目 ホオジロ科

アオジ

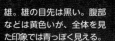

雄。雄の目先は黒い。腹部などは黄色いが、全体を見た印象では青っぽく見える。

雌。雌は全体的に雄よりも淡色で、目先は黒くはない。

雄。2月頃になると、羽先が擦れて黄色みが増してくる。

街の中

漂鳥

大きさ	全長16cm
分 布	ほぼ全国
鳴き声	チッ、リョッピーチョッピリリィ
時 期	① ② ③ ④ ⑤ ⑥ ⑦ ⑧ ⑨ ⑩ ⑪ ⑫

名前の語源

ホオジロ科の仲間の鳥の古名は「しとと」。詳細は不明だが、この仲間の「チィ」という声から付けられた可能性があると思われる。

林縁の裸地などで見られる
お腹の黄色い小鳥

裸地や体が隠れないくらいの丈の草地などで、イネ科植物などの種子をついばんでいる。天敵が近づくなどの危険を感じるとすぐに薮の中に逃げ込み、しばらくすると再び薮から出てきて採食し始める。3月頃の暖かい日には、潅木の中などでつぶやくような「ぐぜる」声を出す。その後、中部地方以北の高原や日本海側の林などへ徐々に移動して繁殖する。

ツル目 ｜ クイナ科

オオバン

雌雄同色。くちばしから額までは白い。この白色部は、若い個体は小さくて、成鳥では大きい。

越冬期は群れで生活するが、狭い池などでは1羽でいることもある。

親子。幼鳥の頭部は黄色と赤の産毛で覆われている。巣立ち後1カ月ほどで親離れする。

街の中　漂鳥

全体に真っ黒で
額の部分だけが白い水鳥

30年ほど前までは関東地方以南では冬鳥で、それよりも北の地方でそれほど多くはなく繁殖していた。その後、徐々に増加し始めて、現在では川や池、湖沼だけでなく、内湾などの海水域でも越冬する個体が非常に増えて、目立つようになった。水面に浮いていて、頭を水中に突っ込んでは水草や藻などを食べ、地上でも歩きながら草などを食べている。

大きさ	全長36〜39cm
分布	ほぼ全国
鳴き声	キュン、ピイッ
時期	① ② ③ ④ ⑤ ⑥ ⑦ ⑧ ⑨ ⑩ ⑪ ⑫

特殊な足ヒレを持っている

カモ類などとは違う形の弁足という足ヒレがある。この足ヒレのお陰で、泳ぐのも歩くのも速く、水中に潜ることもできる。

39

スズメ目 ツバメ科

ツバメ

雌（右）雄（左）。外側尾羽が長く尖り気味なのが雄で、雌はそれよりも短くて、尾羽の先に丸みがある。

そろそろ巣立ちを迎えるヒナたち。巣はかなり狭くなった。

7月頃から大きなアシ原上空をねぐら入り前に飛び交う群れが見られる。

街の中　夏鳥

大きさ	全長17〜18cm
分 布	種子島以北
鳴き声	チュビィ、チョチュチュチョチュビイィー
時 期	1 2 ③④⑤⑥⑦⑧⑨⑩ 11 12

幸福の使者も今は嫌われ者

昔はツバメが巣を作ると、その家は繁栄すると言われて歓迎されていたものだが、近年は糞が汚いと巣を壊す人も多くなり、とても残念だ。

車をスイスイ飛び交わし
速いスピードで飛び回る鳥

　3月下旬頃から渡来し始めて、民家の軒下の壁などに土とワラを混ぜ、唾液で固めたお椀型の巣を作り、5羽前後のヒナを育てる。しかし、昔のような田畑は少なくなり、壁土に使われていたような土も減少し、良い巣材がなくなって巣が壊れてしまうことも多い。そのせいか、ツバメの渡来数は年々減少傾向で、十数年前の半分位になってきたようだ。

ツミ

雄。頭からの上面は青みの
ある灰黒色で、脇腹から腹
部にかけては淡橙色。虹彩
が赤いことが特徴。

雌。頭からの上面は雄よりも褐色みがあり、
体下面には淡橙色の横斑がある。虹彩は黄色。

幼鳥。全体に褐色で、胸は縦斑でそれ
より下は横斑になっている。

日本最小のタカ類で
雄はほぼヒヨドリ大

主に東京都とその近県の街中の小さな公園や
団地の木、街路樹などで4月頃営巣する。抱
卵から育雛までの巣での全てを雌が行い、雄
は雌やヒナのためにひたすら食べ物を運ぶ。
ヒナの巣立ち後も獲物の小鳥などはもっぱら
雄が運び、それを受け取った雌がヒナに与え
る。巣立ち後1カ月ほどで、ヒナはようやく
自分でセミなどを捕らえるようになる。

大きさ	全長♂27、♀30cm
分 布	ほぼ全国
鳴き声	ピョーピョピョ
時 期	① ② ③ ④ ⑤ ⑥ ⑦ ⑧ ⑨ ⑩ ⑪ ⑫

ツミの名前の語源

スズメなどの小さな鳥を捕らえること
から、「須須美多加(すずみたか)」と呼ばれ、それ
が転じてツミとなったようだ。

スズメ目 ヒタキ科

ツグミ

雌雄同色。翼の赤茶色がよく目立つ鳥だが、全体の羽色には個体変異が多く、個体によって濃淡がある。

冬になっても群れを作っていることがあるが、若い個体のことが多い。

渡来直後は木の実をよく採食する。ハナミズキの実を食べている。

街の中

冬鳥

大きさ	全長24cm
分 布	全国
鳴き声	クワッ、キョッ
時 期	①②③④⑤ 6 7 8 9 ⑩⑪⑫

昔は狩猟鳥だった

1970年代頃までは、毎年、百万羽以上のツグミがカスミ網猟で捕らえられていた。その後カスミ網猟そのものが禁止となっている。

裸地や芝地を跳ね歩いては胸を張って立ち止まる鳥

晩秋の頃に渡来して、初めは群れで行動しているが、徐々に1羽で行動するようになる。4月頃になると再び群れを作るようになり、4月下旬頃から繁殖地のシベリア方面へと旅立つ。若い個体の渡りは遅く、特に東北地方や北海道などでは5月中旬頃まで残るものもいる。冬場は木の実などを中心に採食しているが、渡去が近くなると動物質をよく食べる。

シロハラ

雌。雌雄とも頭頂からの上面は茶褐色。顔の部分には青灰色みがある。雌は喉から腹部は白っぽく、脇腹は淡褐色。

雄。雄は喉の部分が黒い。顔から体下面の羽色は個体変異が多く、白っぽいものから黒っぽいものまでいる。

雑木林などの落葉をガサガサとあさりミミズを探す鳥

ツグミの仲間は大きさと行動がどれもよく似ているが、シロハラは飛び去るときに、外側尾羽の3枚ほどの先端の白い部分がよく目立つので識別できる。採食するときは日向にはあまり出ずに、木の幹の影にそって跳ね歩き、主にミミズを捕らえる。人が近づいたりして逃げ去るときは「ツィー」と声を出して飛ぶが、しばらくすると戻ってくることがある。

大きさ	全長24〜25cm
分 布	ほぼ全国
鳴き声	ツィー
時 期	① ② ③ ④ ⑤ 6 7 8 9 ⑩ ⑪ ⑫

シロハラの語源

シロハラは古名では「しない」と呼ばれていたらしい。鳴き声を「シー」と聞いて、付けられたという説もあるが、はっきりとはわからない。

ヤエベニシダレの梢でさえずるウグイスの雄

第 2 章

公園

林や池もある大小の公園など

メジロ

雌雄同色。頭からの上面は
黄緑色で、喉から胸にかけ
ては黄色。脇腹は淡褐色で、
腹部は白っぽい。

ウメの花蜜は大好物。昔、薮で鳴いて
いるウグイスと混同された。

熟したカキは甘いからだろう、実がな
くなるまで何度でもやって来る。

公園 留鳥

大きさ	全長12cm
分布	ほぼ全国
鳴き声	チィー、チィチョチューチュルル
時期	①②③④⑤⑥⑦⑧⑨⑩⑪⑫

絵になる組み合わせ

「梅に鶯」とは、昔から絵になる良い
組み合わせだと、似合うことのたとえ
にされてきた。だが、実際によく似合
うのはメジロのほうだ。

目のまわりの白いアイリングが
よく目立つ小鳥

メジロは甘いものを好み、一年中、甘いもの
を求めて行動しているようだ。特に花の蜜は
大好物で、季節に関係なく、何か蜜がある花
が咲いていれば吸蜜するので、よく顔やくち
ばしのまわりが花粉で黄色くなっている。巣
立ち後にひとり立ちすると、冬は大きな群れ
になって行動する。春先には伴侶を見つける
ため、雄同士で激しく争っていることがある。

キブシのような小さな花
でもくちばしを花に差し
込んで花蜜を吸う。

冬に咲く花は少ないの
で、カンツバキの花は見
逃さない。

番いは一年中行動を共にし、雌雄はと
きどき「相互羽繕い」をする。

ウグイス。メジロとは全く違う、本当
の「鶯色」。

エナガ

雌雄同色。尾羽は長いが、くちばしは短い。枝先や葉などにぶら下がって、アブラムシやクモなどを採食する。

公園
留鳥

巣立ち直後のヒナ。動き回っていても、1週間ほどは団子のように並んで休息する。

亜種シマエナガ。今、人気ナンバーワンの可愛い鳥代表。

大きさ	全長13cm
分 布	九州以北
鳴き声	ジュリリリ、チリリリ
時 期	① ② ③ ④ ⑤ ⑥ ⑦ ⑧ ⑨ ⑩ ⑪ ⑫

名前の語源

尾羽が長いことから、尾羽をヒシャクの柄に見たてて、エナガ（柄長）と名付けられたというが、近年は柄杓を目にすることは少なくなった。

体は小さいが尾羽は長く 群れで行動する小鳥

体の大きさの割に尾羽が長いが、尾羽を考慮しなければ日本でいちばん小さい鳥である。近年、テレビのバラエティ番組などで、特別に可愛い鳥だとシマエナガがよく話題になっているが、これはエナガの別亜種で、北海道だけに生息しているものだ。繁殖期以外は群れで行動しているが、特に冬期はシジュウカラなどのカラ類と混群になるものが多い。

ヤマガラ

雌雄同色。羽色ははっきりしているが、第一印象では赤茶色に見える。「ニィニィ」と鳴きながら枝や幹にも止まる。

エゴの実を取って枝に止まり、足指で実を押さえてくちばしで突いて割って食べる。

木の幹の隙間に木の実を隠し、貯えておく習性がある。

エゴノキの実が大好きな
一見すると茶色に見える小鳥

　ほぼ、一年中、同じ場所に番いで生活し、繁殖期以外は小さな群れで、冬期はシジュウカラなどのカラ類に混じるものも多い。漢字名は「山雀」で、確かに「山の手に住むスズメ」というイメージがあるかもしれない。比較的人を恐れない個体が多く、餌台がある庭や公園などでも物怖じしないで、人の手から食べ物をもらう個体もいる。

大きさ	全長14〜15cm
分布	ほぼ全国
鳴き声	ツゥーツゥー、ニィニィ
時期	① ② ③ ④ ⑤ ⑥ ⑦ ⑧ ⑨ ⑩ ⑪ ⑫

昔は大道芸人

近年は見ることがなくなったが、かなり昔には村祭りなどのイベントで、飼い慣らされたヤマガラがおみくじ引くという見世物があった。

キツツキ目 | キツツキ科

コゲラ

雌雄ほぼ同色。白黒模様がよく目立ち、雄は頭部後方の両脇に赤い羽があるが、これはあまり見えないことが多い。

普段はよく木を突いて虫を食べるが、マユミなどの木の実もよく食べる。

ヒナに食べ物を持ってきた親。一日に何度も食料を運ぶ。

公園
留鳥

大きさ	全長15cm
分布	ほぼ全国
鳴き声	ギィー、キッキキキキキ
時期	① ② ③ ④ ⑤ ⑥ ⑦ ⑧ ⑨ ⑩ ⑪ ⑫

キツツキという名前の鳥はいない

日本には12種のキツツキ類の記録があるが、キツツキという鳥はいない。アリスイとキタタキ以外は全部「〜ゲラ」。この中で最も小さいのがコゲラ。

「ギィー」と鳴きながら木の幹を縦に登る最小のキツツキ

元々は山地などに生息していたが、40年ほど前から平地でも見られるようになり、今では都心部でもかなりの数が見られるようになっている。庭や街路樹などの枯れ木に、くちばしで突いて縦横3cmほどの丸い穴を掘って営巣し、5〜6個の卵を産んで育てる。一年中同じ場所に番いで生活し、冬期はシジュウカラ類との混群に混じっていることが多い。

雄。雄は額近くから頭頂部まで赤く、雌は後頭部だけが赤いことで識別できる。

雌。キツツキ類の足指は、第4趾が外側に向いている外対趾足という形だ。

北海道だけに生息するヤマゲラの雄。雄の額は赤く、雌は赤くない。腹部にアオゲラのような斑模様はない。

公園 留鳥

黄緑色の大きなキツツキ

都心近くの公園でも樹木が多ければ生息している可能性は高い。木を突いて、木の中にいる昆虫類の幼虫を捕るが、主食はアリで、樹上でも地上でも採食している姿をよく見かける。非繁殖期の秋から冬にかけては、昆虫類よりも植物質のものを多く食べるようになり、特にカキやナナカマド、マユミ、サクラなどの木の実は好物らしく、よくやって来る。

大きさ	全長29cm
分布	屋久島～本州
鳴き声	ピョーピョーピョー、ケケケ
時期	① 2 3 4 5 6 7 8 9 10 11 12

黄緑色のキツツキ

日本のキツツキは黒が基調で赤い部分がある種が多いが、アオゲラと北海道だけに生息していてアオゲラによく似ているヤマゲラだけが黄緑色だ。

カイツブリ

雌雄同色。成鳥夏羽は全体の羽色が濃くて、はっきりしている。冬羽になると、その濃さは少し淡色になる。

若い鳥にはくちばしの根元の黄色い部分がなく、全体の羽色も淡い。

巣立ちしたヒナはすぐに泳げるが、1週間ほどは親の背中によく乗る。

公園 留鳥

大きさ	全長25〜29cm
分 布	全国
鳴き声	キュッ、ピッ
時 期	① ② ③ ④ ⑤ ⑥ ⑦ ⑧ ⑨ ⑩ ⑪ ⑫

カイツブリ類は浮巣で繁殖

増水すれば巣も浮き上がって、水に浮いたように見えるカイツブリの巣は大昔から「鳰の浮巣」と呼ばれた。鳰とはカイツブリの古名。

得意な潜水で小魚を捕らえる小さな水鳥

そう大きくはない公園の池などでも繁殖する水鳥で、繁殖期には番いで縄張りを持って生活する。繁殖期以外でも一定の縄張りを持つものもいるが、冬は若い個体だけで群れになって生活するものもいる。足指には弁足というヒレがあり、そのせいか体の割には足が大きめで、潜水は非常に上手い。尾羽は退化したのかと思うほど見当たらない個体も多い。

カモ目 | カモ科

カルガモ

雌雄ほぼ同色だが、よく観察すると、雄の上面の羽縁は細く、お尻の上下は真っ黒なことがわかる。

雌。上面の羽縁は太く、お尻の上下は黒いが、淡色の羽縁がある。

ぞろぞろとヒナを引き連れて街中を移動するカモ

日本で繁殖するカモ類は少ないが、カルガモはほぼ全国で繁殖する。毎年のように、都心で繁殖した親子の可愛らしい引っ越しの様子がテレビなどで話題になっている。ちょっとした草むらがあって、池や川が近くにあればどこででも繁殖しているようだ。普通、カモ類は雌雄で明らかに羽色が違っているが、カルガモだけは雌雄ほぼ同色だ。

公園 留鳥

大きさ	全長58〜63cm
分布	全国
鳴き声	グエッグエッ
時期	① ② ③ ④ ⑤ ⑥ ⑦ ⑧ ⑨ ⑩ ⑪ ⑫

交雑個体

カモ類の交雑個体、いわゆる雑種はよく記録される。特に、カルガモとマガモの交雑個体は多く、それを通称マルガモと呼んでいる。

ブッポウソウ目 ｜ カワセミ科
カワセミ

雌雄ほぼ同色だが、くちばしの色が違う。雄はくちばし全体が真っ黒なのが普通。

雌。雌のくちばしは下嘴が赤色。また、全体の色では雌雄の識別は難しい。

大きさ	全長17cm
分 布	ほぼ全国
鳴き声	チッ、チッツー
時 期	①②③④⑤⑥⑦⑧⑨⑩⑪⑫

名前の語源

昔は「そび」と呼ばれていて、それが「せみ」に変化し、カワセミになったものらしい。「そび」とは鳴き声からと言われているが、真相はわからない。

「ツィー」と鳴きながら水面を飛び去るコバルトブルーの小鳥

繁殖期以外は、1羽で縄張りを持って生活する。春先になると雌雄は、鳴きながら追いかけっこをするように飛び回り、雄が魚などの食べ物を雌に渡し、雌がそれを食べれば結婚成立だ。土手に雌雄で穴を掘って巣を作り、5〜6個の卵を産んで育てる。巣立ち後はしばらく親から食べ物をもらっているが、1カ月ほどすると1羽で生活するようになる。

雌。水面上でホバリング
し、水中の魚などを探
す。獲物を見つけると頭
から飛び込んで捕らえる。

雄（左）が雌（右）に魚
を渡す「求愛給餌」。雌
が魚を飲み込みやすいよ
うに頭を先にして渡す。

雌。水に飛び込んでカワエビを捕らえ、
空中に飛び出したところ。

雄。大きめの魚を捕らえると枝に叩きつけて、
骨を砕いて食べやすくしてから飲み込む。

ウグイス

雄。雌雄ほぼ同色。上面はオリーブ褐色で、体下面は全体に汚白色の地味な色をしている。メジロのような黄緑色みはない。

雌。雄と同色だが、体は雄に比べて一回り小さく、くちばしと足は細めで短い。

大きさ	全長♂16、♀14cm
分布	ほぼ全国
鳴き声	チャッチャッ、ホーホケキョ
時期	①②③④⑤⑥⑦⑧⑨⑩⑪⑫

鳴き声

ウグイスの鳴き声にはさえずりのほかに、雌に危険を知らせる「キョ……」と言う「谷渡り」と、冬に「チャッ……」と言う「笹鳴き」がある。

ササ薮の中を動きまわり
なかなか姿を見せない地味な鳥

春告げ鳥として誰もが知っている鳥だが、その姿は案外知られてはいないようだ。越冬期は特に、藪の中を動きまわっているので姿は見にくいし、春には樹上でさえずるのでチャンスはあるが、慣れないとなかなか探せない。巣作りから子育てまでは全て雌が行い、雄は樹上で鳴いて雌に「ホーホケキョ」と安全を、「キョキョキョ」と危険を知らせている。

スズメ目　サンショウクイ科

リュウキュウ
サンショウクイ

雄。頭からの上面は黒く、白い眉斑がある。喉からの体下面は白く、胸上部の両脇には黒みがある。

雌。雄よりも全体に淡色。雌雄共にサンショウの種子を食べることはないと思われる。

サンショウクイ雄。額が白い。雌は全体に灰色。夏鳥なので冬には見られない。

公園
漂鳥

すっきりとした白黒のスマートな鳥

九州南部以南に生息していて、元々はサンショウクイの亜種とされてきたが、20年ほど前から関東地方南部を中心に姿が見られるようになった。近年では山地で繁殖もするようになり、越冬期には平地に下りてきて、公園などの樹林を飛び回り、主にカメムシの仲間を採食している。近々、サンショウクイとは別種になり、名前も変わる可能性がある。

大きさ	全長20cm
分 布	九州南部以南 （近年、関東地方以南で増加）
鳴き声	ピィリリリリ、ピーリー
時 期	①②③④⑤⑥⑦⑧⑨⑩⑪⑫

名前の語源

サンショウクイはサンショウの種子を食べて、口の中が辛くて「ヒリヒリ…」と鳴いていると言われ、その鳴き声が名前に付けられたものらしい。

57

モズ

雄。くちばしは黒く、上嘴は鍵型。雄の過眼線は黒く、翼に白斑がある。

雌。過眼線は淡色で、雄のようなきつい顔には見えない。翼に白斑はない。

争っている雌（右）雄（左）。越冬期は雌雄別々に縄張りを持つので、時には争いになることもある。

公園
漂鳥

大きさ	全長19〜20cm
分布	ほぼ全国
鳴き声	キィーキィー
時期	①②③④⑤⑥⑦⑧⑨⑩⑪⑫

鳴き真似上手

モズは漢字では「百舌鳥」。いろいろな鳥の鳴き真似が上手く、二枚舌ならぬ百枚舌と言うことらしい。確かに鳴き真似は上手いが、鳴く理由は不明。

くちばしが鍵型で
小さな猛禽類と呼ばれる

越冬期に入る頃は高い木のてっぺんでよく鳴いていて、雌雄に関係なく平地で縄張りを作って生活する。春先に番いとなり、藪の中に巣を作って子育てをする。繁殖後の夏場には、姿がほとんど見られなくなってしまう。山地の涼しい場所へ移動しているという説もあるが、場所によっては平地で生活していて、普通に姿が見られている場所もあるようだ。

モズは初秋の頃になると、「モズの高鳴き」と呼ばれる高所での縄張り宣言をする。

番いになった雌（左）雄（右）。繁殖期の初め頃には、雄が雌に食べ物を与える求愛給餌をする。

モズの「はやにえ」。尖ったものに獲物を刺して置き、冬の食糧難に備えていると言われる。

スズメ目 ヒタキ科

トラツグミ

雌雄同色。林の中を歩いているときは、枯れ葉や木々の影に紛れてしまい、美しい羽色でも案外目立たない。

公園
漂鳥

普段はミミズが主食だが、冬にはカキの実などの木の実も食べる。

大きさ	全長29.5cm
分 布	奄美大島以北
鳴き声	シーッ、ヒーッヒョウー
時 期	① ② ③ ④ ⑤ ⑥ ⑦ ⑧ ⑨ ⑩ ⑪ ⑫

伝説の鵺の正体

「平家物語」で、不気味に「ヒィーヒョー」と鳴くのは「頭は猿、胴体は狸、尾は蛇、手足は虎」の鵺（ぬえ）だとされている。だが、その声は実はトラツグミだ。

虎模様が美しい
大型のツグミ類

頭からの上面が黄褐色で、黒い羽縁が鱗模様になっている。体下面は白く、下面の羽縁も黒い。暗い林や薮のある林の地上で、腰を上下に揺らしながら歩いて、ミミズや昆虫類の幼虫を採食する。危険を感じると、サッと樹上に飛び上がり、危険が遠ざかるまで長時間でもその場にじっとしている。その後、再び下り立つのは同一場所であることが多い。

雄。雄は目先が黒く、くちば
しは繁殖期に青くなる。雌雄
とも、紺色の次列風切の数枚
は特異な形をしている。

雌。目先は淡色で、全体の羽色も雄よ
り淡く、繁殖期のくちばしも淡い。

ズングリとした体型の
くちばしが大きい鳥

青森県以北で少数が繁殖しているが、多くは
冬鳥として渡来する。渡来数の多い年には、
数百羽の群れになることも少なくはない。木
の実や大豆畑に落ちている種子などをよく食
べる。くちばしは固い殻でも簡単に割れるよ
うに、くちばしの合わせ目の上嘴の中心がへ
こんでいて、下嘴の中心が出っ張っている。
そこで種子を割り、中の子房分を食べる。

大きさ	全長18cm
分布	ほぼ全国
鳴き声	チッ、チィチチッチチッピチュ
時期	①②③④⑤⑥⑦⑧⑨⑩⑪⑫

名前の語源

「シー」という鳴き声に小鳥を意味す
る「メ」を付け、シメと名付けられた。
この「シー」はかなり高音で、至近距
離で聞くと、耳がキーンとするほど。

公園
漂鳥

61

イカル

雌雄同色。非繁殖期のくちばしの基部は白っぽいが、その白っぽい部分は繁殖期には青くなる。

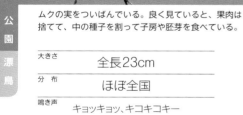

公園 漂鳥

ムクの実をついばんでいる。良く見ていると、果肉は捨てて、中の種子を割って子房や胚芽を食べている。

地上に群れで降り立って、エノキの種子を採食している。くちばしに黒みがあるのは若い個体。

大きさ	全長23cm
分布	ほぼ全国
鳴き声	キョッキョツ、キコキコキー
時期	① ② ③ ④ ⑤ ⑥ ⑦ ⑧ ⑨ ⑩ ⑪ ⑫

聞きなし

鳥のさえずりを人間の言葉に置き換えた「聞きなし」では、「キコキコキー」というイカルの鳴き声は「お菊二十四」や「四六二十四」と聞きなす。

黒い顔面マスクで
黄色の大きなくちばしの鳥

繁殖期以外は群れで生活していることが多い。主に樹上生活をしているが、木の種子が地上に落ちる頃になると地上で採食することが多くなる。数十羽の群れが地上から一斉に飛び立つ様子は圧巻だ。春先にはサクラの花弁やモミジの花、他の新芽などもよく食べる。
　4月下旬頃になると繁殖地の山地へ群れで移動し始め、その後、番いで行動するようなる。

カケス

雌雄同色。全体にはブドウ色の印象。木から木へ飛び移ったり、ときどき地上に下りたりしながら移動する。

クヌギにやって来て、ドングリをくわえてはどこかへ飛び去り、また戻って来ることを繰り返していた。貯食していたのだろう。

北海道に生息する亜種ミヤマカケス。頭は茶色で全体には亜種カケスより暗色。

公園　漂鳥

カラスの仲間だが
翼の黒と青の模様が目立つ鳥

頭には白地に黒い縦斑があり、目のまわりから目先は黒い。背などは淡い赤紫色で、腹部はそれよりも淡色。虹彩が白っぽいせいか、顔は怖い印象がある。翼には黒、白、青色の部分があり、飛ぶとよく目立つので、カラスとは明らかに違って見える。警戒心は非常に強く、近くでじっくり全身を見る機会はあまりなく、慣れないと見ることも難しい。

大きさ	全長33cm
分布	屋久島以北
鳴き声	ジェー
時期	① ② ③ ④ ⑤ ⑥ ⑦ ⑧ ⑨ ⑩ ⑪ ⑫

貯食行動

カケスもよく貯食し、ドングリなどを木の洞に隠したりするが、それを忘れることがあり、後でそこから別の木が発芽して成長することがある。

タカ目 ｜ タカ科

ハイタカ

雄。雄の喉から腹部にかけて橙色みが強い個体は、大陸から渡来したものが多いと思われる。

雌。雌の喉からの体下面には橙色みがある横斑があり、上面は灰色みを帯びた褐色。

幼鳥。上面は灰色みがある褐色で、喉から胸はどちらかというと縦斑で、腹部は横斑。

大きさ	全長♂30～32.5、♀37～40cm
分 布	ほぼ全国
鳴き声	キッ
時 期	① ② ③ ④ ⑤ ⑥ ⑦ ⑧ ⑨ ⑩ ⑪ ⑫

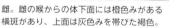

名前の語源

漢字名は灰鷹だが、素早く飛ぶ「はやき鷹」が転じてハイタカになった。また雄には、小鳥にのしかかることから「このり」という別名もあった。

上面が灰色をした
小型のタカ類

平地から亜高山帯の林で繁殖するが、山の個体は越冬期に平地へ移動する。また、大陸から渡来する個体も多く、小鳥の多い公園や雑木林、川原などで越冬している。木陰などに身を隠していて不意に小鳥を襲ったり、ネズミなどの小動物も捕らえたりする。小鳥を捕ると最初に羽をむしり、頭を外してまず内臓から食べて、その後に肉をちぎり食べる。

サンコウチョウ

雄。くちばしと目のまわり
は鮮やかなブルー。ときど
き後頭部の羽を立てる。

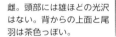

雌。頭部には雄ほどの光沢
はない。背からの上面と尾
羽は茶色っぽい。

目のまわりがブルーで
尾羽の長い鳥

成鳥の雄は頭部から胸にかけては黒く、紫色
の光沢がある。背からの上面は紫褐色で、長
い尾羽は黒い。雄でも昨年生まれの個体は尾
羽が短いので、雌のように見えることがある。
春は長い尾羽のままで渡来するが、秋の渡り
期には尾羽は換羽して短くなっているので、
若い個体と間違えやすいが、目のまわりのブ
ルーが成鳥は濃く、若鳥は淡色。

大きさ	全長♂44.5、♀17.5cm
分布	本州以南（北海道では迷鳥）
鳴き声	ギィー、ギィフィフィホイホイホイ
時期	1 2 3 ④ ⑤ ⑥ ⑦ ⑧ ⑨ ⑩ 11 12

名前の語源

「月、日、星」と鳴いているとして三
光鳥と名付けられたが、実際には「ヒ、
ホ」などと二光にしか聞こえない。イ
カルのほうが「月、日、星」に聞こえる。

公園
夏鳥

65

コサメビタキ

雌雄同色。丸くて大きな目のまわりは白いリング状で、目先は白っぽい。頭からの上面は淡い灰褐色。

秋の渡り期にはミズキを始め、多くの木の実を丸呑みし、種子は後に口から吐き出す。

公園 夏鳥

大きさ	全長13cm
分 布	中部地方以北 （それ以外では旅鳥）
鳴き声	ツィ
時 期	1 2 3 ④⑤⑥⑦⑧⑨⑩ 11 12

名前の語源

サメビタキは鮫色のヒタキで、小型の小が付いてコサメビタキになった。鮫の皮の加工品は昔から日常的に使われていて、なじみ深かったようだ。

目が大きくてクリッとした
可愛らしいヒタキ類

春秋の渡り期には、意外と多くの個体が平地で見られている。結構人を恐れないので、見つけさえすれば間近で観察することもできるが、やはり、近づき過ぎには注意しよう。山地から亜高山帯までの樹林で繁殖し、枝の上や又などにコケなどを利用して椀型の巣を作る。巣のまわりにはその木の木肌に似たコケを貼り付けるので、木に紛れて見つけにくい。

キビタキ

雄。頭からの上面は黒く、翼には大きな白斑がある。眉斑と喉は黄橙色で、胸から腹部にかけては黄色。

雌。頭からの上面はオリーブ褐色で、喉から胸には褐色みがある。

公園　夏鳥

林の中で爽やかな声で鳴いているヒタキ類

春は、渡来する途中の林などで昆虫の幼虫などを採食し、雄はよくさえずっている。新緑の木々の間で、黄橙色の喉を膨らませてさえずるので、姿は見つけやすい。繁殖地では樹洞などに営巣し、巣作りから抱卵までは雌が行い、ヒナを育てるのは雌雄で行う。秋の渡りは8月下旬頃から始まり、9月中旬を過ぎた頃には都心近くの公園などでも見られる。

大きさ	全長13.5cm
分 布	ほぼ全国
鳴き声	ピリィ、ピィチュリィピピリィオーツシク

時　期
①②③④⑤⑥⑦⑧⑨⑩⑪⑫

ヒタキ類の採食の仕方

ヒタキの仲間は枝や梢から、飛んでいる昆虫類を見つけると、その場からパッと飛び立って空中採食を行う。これをフライキャッチと言う。

67

オオルリ

雄。頭からの上面は紺瑠璃色で、頭頂部には光沢がある。顔から胸は黒くて腹部は白い。

雌。頭からの上面と喉から胸は淡褐色で、下腹部になるほど白っぽくなる。

公園
夏鳥

大きさ	全長16〜16.5cm
分布	九州以北（南西諸島では旅鳥）
鳴き声	ジィジィ、ヒィーチューピィージィジィ
時期	1 2 3 ④ ⑤ ⑥ ⑦ ⑧ ⑨ ⑩ ⑪ 12

声の良い鳥トップ3

特別に鳴き声が良いとして、オオルリ、コマドリ、ウグイスの三種類を「日本の三鳴鳥」と呼んでいたが、近年は人によって、その順位は変化している。

光沢がある鮮やかな瑠璃色のヒタキ類

都心の公園などでも、春と秋の渡り期に姿を現すが、春よりも秋のほうが、平地で見られることが比較的多い。移動途中の春にはまだあまり大きな声ではさえずらないので探しにくいが、秋には木の実に現れることが多いので、そう多くはないが多少は見つけやすくなる。渓流沿いや湖畔などの崖や岩棚、建造物の棚などにも、皿形の巣を作って繁殖する。

アカハラ

亜種オオアカハラ雄。頭部は亜種アカハラに比べて黒く、体は一回り大きいが、それだけで識別できるかは非常に難しい。

亜種オオアカハラ雌。喉の部分は白っぽく、頭部は黒みが少ないのでより亜種アカハラと混同する。木の実はトキワサンザシ。

脇腹がオレンジ色の
大型ツグミ類

日本では亜種アカハラと亜種オオアカハラの2亜種の記録がある。亜種アカハラは北海道では平地で、本州では高原の比較的明るい樹林帯で繁殖し、冬は台湾や中国南部、フィリピンなどで越冬するので、冬期に日本で見られることは少ない。一方、亜種オオアカハラは冬期に冬鳥として公園などに渡来するので、こちらのほうが観察する機会が多い。

大きさ	全長23.5cm
分 布	ほぼ全国
鳴き声	ツィー、キョキョ、キョロンキョロンツリィー
時 期	①②③④⑤⑥⑦⑧⑨⑩⑪⑫

どちらのさえずり?

越冬中の亜種オオアカハラと夏鳥として渡来する亜種アカハラが、4月頃には同時にさえずるので、どちらがさえずっているのか紛らわしくなる。

公園 夏冬鳥

69

スズメ目 | ヒタキ科

エゾビタキ

雌雄同色。枝に対して体を直角にして止まる。体下面の胸から脇腹にかけて、黒褐色のはっきりした縦斑がある。

ホバリングしながらミズキの実を採り、近くの枝へ移動して飲み込む。

公園
旅鳥

大きさ	全長14.5cm
分　布	ほぼ全国
鳴き声	ツィ、ジッ
時　期	④⑤ ⑨⑩⑪

観察は秋がねらい目

全国の林縁部に9月下旬から10月中旬にかけて見られる。まれに数十羽の群れが観察されるが、ほんの2〜3日だけのことが多い。

秋の渡り期に
木の実にやって来るヒタキ類

春の渡り期にはあまり見られないが、どういう理由からか秋には多くの個体が日本列島のあちこちで見られる。木の梢に止まり、そこから飛び立ってはトンボなどをフライキャッチして、また元の梢に戻ったり、別の木に飛んだりすることを繰り返す。木の実もよく食べるので、公園などの木の実を普段から見ておき、熟し具合などに注意しよう。

キビタキ雌
体下面は汚白色で、胸の褐色みは、よく見ると鱗状。胸の色は個体によって濃淡がある。

オオルリ雌
体下面は白っぽく、胸は一様に褐色で、鱗状にはなってない。

コサメビタキ
体下面は白っぽく、胸に褐色みはほとんどない。目先が白っぽい。

サメビタキ
体下面は褐色みがあり、胸から脇腹にかけてはぼやけた縦斑で、目先は黒っぽい。

エゾビタキ
体下面は白っぽく、黒褐色のはっきりした縦斑がある。目先は黒っぽい。

●ヒタキ類の似たもの同士の見分け方

ヒタキ類の中で、キビタキとオオルリの雌、コサメビタキ、サメビタキ、エゾビタキは非常によく似ていて、識別が難しい場合がある。特に下面の胸から腹を見比べて、識別点を見極めよう。

オシドリ

雄。派手な羽色で、特に銀杏羽と呼ばれる三列風切は目立つ。夏の後半には、雌のような地味な羽色になる。

雌。全体に灰褐色で、目立たない色をしている。目のまわりの白は特徴的。

公園漂鳥

大きさ	全長41〜47cm
分布	ほぼ全国
鳴き声	♂ピュ、ピュ　♀キョッ、ケッ
時期	①②③④⑤⑥⑦⑧⑨⑩⑪⑫

おしどり夫婦

「鴛鴦の仲」と、雌雄の仲が良いことの例えにされていたが、実際には毎年相手が違うと言われた時期があった。しかし、相手はやはり同じようだ。

橙色の銀杏羽がよく目立つ 美しいカモ類

東北地方以北ではほぼ夏鳥で、中部地方以北で繁殖し、それよりも南部では冬鳥。越冬期は水面に木々が覆い被さっている場所やアシ原などの縁で休息し、夕暮れになると飛び立って、近くの林などで主にドングリ類を採食する。あまり明るいところには出てこないので、近くで観察するのは難しい。樹洞などに10個前後の卵を産み、雌だけが抱卵する。

コガモ

雄。目のまわりから後頸にかけて緑色で、頬や頭頂部は栗色。体の中央にはカモにとっては縦斑の、白い横線がある。

雌。淡水カモ類の雌はどれもよく似ているが、体が特別小さいことでわかる。

凍り付くような水面でも、羽を綺麗にするために水浴びはよく行う。

黄色いパンツを履いた小さなカモ類

冬鳥として、夏の終わり頃に渡来する日本で一番小さいカモである。淡水に生息し、広い水面よりも、木が覆い被さっていたり、水草などが繁茂していたりして、サッと姿を隠せる場所がある水面を選んでいるようだ。カモ類は便宜上、淡水を好む種と、海水を好む種に分けることがある。淡水カモ類は地上を歩くが、海水カモ類は歩かずに潜水が得意。

大きさ	全長34～38cm
分布	全国
鳴き声	ピリッピリッ
時期	① ② ③ ④ 5 6 7 8 ⑨ ⑩ ⑪ ⑫

長期滞在するカモ

コガモはカモ類の中で1～2番目に早く渡来して来て、一番遅くまで残る個体が多い。渡来直後はまだエクリプスで、雌雄年齢もわからない個体が多い。

公園
冬鳥

73

マガモ

雌（左）と雄（右）。越冬期は番いで行動していて、休息中でも並んでいることが多い。

雄。尾羽が上にカールしているのはマガモの特徴。飛翔時でも目立つ。

昼間は休息しているが、大型のタカ類が飛ぶと一斉に飛び立って、上空を旋回する。

大きさ	全長50〜65cm
分布	全国
鳴き声	グェッグェッ
時期	①②③④ ⑩⑪⑫

名前の語源

カモの語源は、水に浮かぶ「浮かむ」がカモになったという。マガモの「マ」は「真」で、一般的なとか、ごく普通の、という意味だ。

「青首」という別名もある淡水カモ類

広い水面の中央に群れでいて、ほかのカモ類のように人が与えた餌に近づくことはあまりない。淡水カモ類は渡来直後から番いで生活していることが多い。そのため、とてもよく似ていて識別が難しいカモ類の雌同士でも、そばに雄がいることが多いので、見分けるときの手がかりになる。マガモは特に、太平洋側よりも日本海側に多く渡来している。

オナガガモ

雄。くちばしは黒くて、上嘴の両脇が鉛色をしている。カモ類の識別で、くちばしの色を見極めることは重要。

雌。雄に似た色合いのくちばしだが、非常に淡色だ。

雄の尾羽。片側8枚ずつで、中央尾羽2枚が非常に長いことがわかる。

公園 冬鳥

ピンテールと呼ばれる
尾羽が長い淡水カモ類

ハクチョウ類を餌付けしている場所には多数生息し、カモ類の中では一番、人に慣れている。以前のガンカモ類の生息数調査では、数が一番多いカモだったが、現在はマガモのほうが多いようだ。水鳥への餌付けを禁止している場所が増えたからだと思われる。オナガガモの渡りのルートが、餌付けが少ない日本よりも他の国へと変化したのだろうか。

大きさ	全長♂61〜76、♀51〜57cm
分布	全国
鳴き声	ピュルピュル
時期	①②③④⑤ 6 7 8 ⑨⑩⑪⑫

淡水カモ類の採食方法

淡水カモ類はほぼ潜水しない。その代わりに、陸地で青草などを食べたり、尾羽を水面から出して逆立ちしたりして、水草などを採食する。

カモ目 | カモ科

ヒドリガモ

雄。目の後方に緑色の光沢がある個体だが、緑色がほぼない個体もいる。飛ぶと翼の白が目立つ。

雌。全体に褐色で、他の淡水カモ類の雌と紛らわしいが、くちばしは雄と同じ。

大きさ	全長45〜51cm
分 布	全国
鳴き声	♂ピューユ、♀ガッガー
時 期	① ② ③ ④ ⑤ 6 7 8 ⑨ ⑩ ⑪ ⑫

海苔が好物

ヒドリガモは淡水カモ類ではあるが、海水域へもよく行き、養殖されている海苔ヒビで海苔を食べることから栽培者からは嫌われている。

頭頂部がクリーム色の淡水カモ類

近年、オナガガモに変わって数を増やしてきている。20〜30年ほど前までは、近場で見られることは少なかったが、徐々に数が増えてきて、大きな公園の池や湖沼、河川などでも普通に見られるようになった。淡水カモ類は昼間は休息して夜間に活動するものが多いが、ヒドリガモは昼間でも陸に上がり、タンポポやほかのロゼットの青草などを採食する。

ハシビロガモ

雄。扁平なくちばしは黒く、頭部は黒いが青や紫色の光沢がある。脇腹には茶色い部分があり、他のカモ類と識別できる。

雌。マガモの雌によく似ているが、くちばしの形で識別できる。

10数羽がくるくる回って渦を作り、プランクトンなどを採食している。

スプーンに似た形のくちばしの淡水カモ類

大群で見られることはないが、10数羽から20～30羽ほどの本種だけで生活していることもあるし、他の淡水カモ類に交ざって生活していることも多い。特徴的な扁平な形のくちばしは、左右に振って浮遊物を採るにはとても適しているようだ。成鳥羽になるまでに雄の羽色はよく変わるのでわかりにくいことがあるが、黒いくちばしに注意すると良い。

大きさ	全長43～56cm
分布	全国
鳴き声	クスッ
時期	① ② ③ ④ 5 6 7 8 ⑨ ⑩ ⑪ ⑫

共同で採食

群れで水面をくるくる回り、水面に渦を作ってプランクトンなどを集めて、それを採食する。1～2羽でも同じようにして採食する。

アイガモやアヒル

アヒル雄。代表的な羽色で、体のわりには翼が小さく、
お尻の部分が大きいので、ほほ飛ぶことができない。

アヒル雌。代表的な羽色で、体型などは雄と同じだ
が、雄のように尾羽は上にカールしていない。

アイガモ雄。マガモ雄と見間違えるほど似ているが、
お尻が大きくて、翼の模様も違う。

アヒルは、マガモを食用や愛玩用、農業用などに改良したもの。アイガモは、それらが野生化して先祖返りしたものや、アヒルとマガモなどとの間に生まれたものなど。

アイガモ雄。カルガモとの間に生まれたものだと思われる。

アヒル雌。アヒルにはいろいろな羽色の個体がいる。

アヒル雌。アヒルのイメージ通りの白アヒル。雄は白アヒルでも尾羽が上にカールしている。

菜の花畑でさえずるホオジロ

第 3 章

農耕地

畑や水田、休耕田など

ヒバリ

雌雄同色。雄は頭部の羽をよく逆立てるし、雌はあまり逆立てないので、雌雄を識別することができる。

空高く上がってさえずり、縄張り内に別の雄が入ってこないように見張っている。

農耕地

留鳥

大きさ	全長17cm
分 布	ほぼ全国
鳴き声	ピュルピュル、チョルチョル
時 期	①②③④⑤⑥⑦⑧⑨⑩⑪⑫

聞きなし

ヒバリの鳴き声に関係した昔話は多いようで、「日一分日一分、月二朱月二朱、利取る利取る」と、借金の取り立てで鳴くという聞きなしもある。

上空高く上がって
一点に停空飛行でさえずる

春から夏にかけては、大きな声でよく鳴いているので目立つが、繁殖が終わる頃になると全く目立たなくなる。越冬期にはいなくなったのかと思うほどだが、農耕地や川原などに小群で生息している。足を畳むようにして歩くので、小さな草むらでも見えないことがある。2月頃の暖かい日にはさえずることもあり、少しずつ目立つようになってくる。

ホオジロ

雌雄ほぼ同色。雄。全体には茶色っぽくて、顔は白黒模様がはっきりしている。ときどき頭部の羽を逆立てる。

雌。雄とあまり違いはないが、顔の黒い部分が淡色。

聞きなしで「一筆啓上仕候（いっぴつけいじょうそうろう）」と鳴くホオジロ類

越冬期は小群で生活している姿を見ることが多い。春になると農耕地や草原などの潅木があるような場所を好んで番いで生活し、生い茂った林内に入ることはない。非繁殖期にはイネ科植物などの種子をよく採食するが、繁殖期には昆虫類の幼虫などをよく採食するようになる。「チチツ」と3音に聞こえる地鳴きをよくするので、姿を探す頼りになる。

大きさ	全長16.5cm
分布	ほぼ全国
鳴き声	チッチッツ、チュッピン チュチュツ チュー
時期	① ② ③ ④ ⑤ ⑥ ⑦ ⑧ ⑨ ⑩ ⑪ ⑫

名前の語源

一見、頬は黒く見えるが、黒い過眼線と顎線に挟まれた、頬線という部分を頬と見なして、そこが白いのでホオジロと名付けられた。

カワラヒワ

雌雄ほぼ同色。雄。亜種カワラヒワの頭部は緑色みが強いが、亜種オオカワラヒワは灰色みが強い。亜種の識別は非常に難しい。

雌。頭部は雄よりも灰色っぽいが、亜種間の雌の識別は特に難しい。

ヒマワリの種子は大好物。種子が実ったヒマワリにはよくやってくる。

農耕地 留鳥

大きさ	全長14.5〜16cm
分布	ほぼ全国
鳴き声	チュイーン、キリキリキリ
時期	①②③④⑤⑥⑦⑧⑨⑩⑪⑫

季節で入れ替わる

一年中見られているが、繁殖している亜種カワラヒワと、秋から冬に見られる亜種オオカワラヒワとで入れ替わっていることが多い。

飛ぶと黄色い羽がよく目立つ小鳥

繁殖期は番いで行動するが、巣立ちしたヒナがひとり立ちした頃から、徐々に群れになって行動するようになり、秋には大群になる。雨覆の一部が黄色いので、飛ぶと黄色い鳥の印象が残る。一年を通して木の種子を採食するが、種子の皮は捨てて、中の子房分や胚芽を食べる。親はそれを「そのう」という内臓にためて、少しずつ消化してヒナに与える。

キジ目 ｜ キジ科

キジ

雄。顔にある肉垂と呼ばれる赤い部分は繁殖期に大きくなり、非繁殖期には小さくなる。

雌。全体に黄褐色で黒褐色の斑がある。よく似ているヤマドリは尾羽先端が白い。

コウライキジの雄。白い首輪があり、胸から腹部は黒みのある赤紫色。

昔話にもよく出てくる
日本の国鳥

北海道と南西諸島、対馬には生息していないが、そこには外来種で白い首輪があるコウライキジが生息している。雄は4月頃になると「ケンケン」と鳴いた後に翼を羽ばたかせて羽音を出す、「母衣打ち」という縄張り宣言を行う。一夫多妻で繁殖するが、近年は数が減ってきたせいか、雄が連れ歩く雌の数は1〜2羽程度になってきているようだ。

大きさ	全長♂80、♀60cm
分布	九州、四国、本州
鳴き声	ケッ ケッケーン、ドロロロ
時期	①②③④⑤⑥⑦⑧⑨⑩⑪⑫

狩猟鳥指定の国鳥

キジは日本の固有種で、日本にしか生息していない鳥である。非公式だが、日本の国鳥にも指定されている。しかし、残念なことに狩猟鳥でもある。

農耕地　留鳥

チョウゲンボウ

雄。頭部と尾羽は青灰色で、上面は茶褐色。雌雄共に体下面は淡黄褐色で、黒褐色の斑がある。

雌。頭部と尾羽は茶褐色。雌雄共によく停空飛行をして、地上の獲物を探している。

農耕地

留鳥

大きさ	全長♂33、♀38.5cm
分 布	ほぼ全国
鳴き声	キィーキィキィキィ、キッ
時 期	① ② ③ ④ ⑤ ⑥ ⑦ ⑧ ⑨ ⑩ ⑪ ⑫

名前の語源

トンボのヤンマを方言で「ゲンザンボー」と呼ぶ地域があり、下から見た飛ぶ姿がヤンマに似ていると「鳥ゲンボウ」と名付けられたという説がある。

草原の上空でよく
停空飛行するハヤブサ類

速いスピードで飛ぶハヤブサの仲間とは思えないようなパタパタとした感じの飛行で、草原や農耕地、川原などの上空を飛び、主に大型昆虫類や小型ネズミ類、トカゲなどを捕らえる。ヒナには巣立ちした小鳥を捕らえて与えることが多い。橋桁やビルの棚などの人工物に営巣し、樹洞などには直接卵を産んで、雌雄で抱卵するが、雌のほうが多く抱卵する。

バン

雌雄同色。全体には黒っぽく見え、脇腹には白い縦斑が見られる。くちばしは赤く、先の方は黄色。

親子。孵化するとすぐに泳いだり歩いたりできる。親について歩いて食べものをもらう。

若鳥。全体に淡色。若鳥も2番子の世話や巣材運びなどもする。

農耕地　留鳥

くちばしから額にかけての額板と呼ばれる部分は赤い

もっぱら水上生活だが、陸地で草などを採食することもある。非常に長い足指で、水草の上などを歩くのが得意。歩いたり泳いだりしながら、水草の新芽を好んで食べ、水草に付いている昆虫類の幼虫なども食べる。下尾筒部分の両端は白く、争いや雌にアピールするとき、ヒナを連れ歩くときなどに、尾羽と共によく上に持ち上げて目立たせている。

大きさ	全長30〜38cm
分　布	ほぼ全国
鳴き声	キュル、クルル
時　期	①②③④⑤⑥⑦⑧⑨⑩⑪⑫

名前の語源

額板が大きいことから付けられた名前だと思われがちだが、定説ではないが「田の番」をしているような鳥だとして付けられたと言われている。

ケリ

雌雄同色。頭部から胸にかけ
ては青灰色で、胸の下部には
黒い帯がある。足は黄色くて
長い。

翼の先半分は真っ黒で、静止
時とはかなり印象が変わる。

農耕地

留鳥

大きさ	全長34〜37cm
分 布	本州
鳴き声	キリッキリッ、ケケッ
時 期	①②③④⑤⑥⑦⑧⑨⑩⑪⑫

擬傷行動

チドリの仲間は、抱卵中や、ヒナがい
るときには、自分が怪我をしたように
見せかけて敵の注意を引き、巣やヒナ
から敵を遠ざける「擬傷行動」を行う。

足が非常に長い
大型のチドリ類

生息域は主に近畿地方以北の本州で、それも
かなり局地的で、太平洋側に多い。水田の畦
や中央の盛り上がった土塊などに簡単な巣を
作り、3〜4個の卵を産んで営巣する。営巣
し始める時期は早く、田起こしが始まる頃に
はすでに孵化し、ヒナは歩き出している。繁
殖後は番いだけで過ごすものもいるが、小さ
な群れになって冬を超すものもいる。

ニュウナイスズメ

夏羽雄。頭頂から背にかけ
ては赤茶色で、喉には黒い
部分がある。頬からの体下
面は白い。

若鳥雌。頭頂から背にかけては灰褐色で、
白い眉斑がある。顔からの体下面は汚白色。

冬羽の雄（右）と雌（左2羽）。雌は全体
に淡色になるが、眉斑らしきものも見える。

農耕地　漂鳥

スズメのような頬の
黒斑はないスズメ

中部地方以北の平地から山地の水辺がある林
で生活し、樹洞などに枯れ草などを運んで営
巣する。繁殖が終わると関東地方以南へ渡っ
て、そのうちの一部がそのまま越冬する。越
冬地では、稲刈り後の開けた水田や草地など
を好んで生活する。スズメに交じって生活す
る個体もいるが、多くは小群で、もしくは数
百羽もの大群になって生活している。

大きさ	全長14cm
分布	ほぼ全国
鳴き声	チュン、チューチュチュ チュウッチュ
時期	① ② ③ ④ ⑤ ⑥ ⑦ ⑧ ⑨ ⑩ ⑪ ⑫

名前の語源

ニュウナイの語源は、11月23日の「新
嘗祭」からで、現在の「勤労感謝の日」
である。その頃になると姿を現すので、
付けられたのかもしれない。

ホオアカ

雌雄ほほ同色。頭頂部は灰色で、黒褐色の縦斑が密にある。喉から胸は白く、胸の黒と茶色の模様が目立つ。

冬羽。夏羽に比べてわずかに淡色。雌雄、夏・冬羽ともにあまり違いがなく、識別は難しい。

大きさ	全長16cm
分 布	ほぼ全国
鳴き声	チッ、チョッチィチチツ
時 期	①②③④⑤⑥⑦⑧⑨⑩⑪⑫

それでもさえずり?

初夏の草原で、灌木や草の先端でさえずっている。しかし、「チョッチィ」などと、ごく短いフレーズばかり。「それでいいの?」と問いかけたくなる。

ホオジロによく似た
頬の茶色い鳥

繁殖は大きな川原や山地の草原などで行うが、冬期は平地のあまり草丈の高くはない草地や裸地などで生活する。あまり飛び回ったりはしないので目立たないが、何かに驚いたりしたときに飛ぶ姿を見る。地上を跳ね歩きながら、ときどき草むらに入ったりして、主にイネ科植物の種子などを採食する。繁殖期には昆虫類の幼虫なども採食している。

ノビタキ

夏羽雄。頭部からの上面は
黒く、胸は錆色で、翼には
白斑がある。尾羽を上下に
よく振る。

夏羽雌。頭部からの上面は黒褐色で、縦斑が
ある。翼の白斑は小さく、胸の錆色は淡い。

冬羽雄。雌や幼鳥の冬羽は淡色で見分けが難
しいが、雄の冬羽は顔が黒いのでわかる。

農耕地　夏鳥

秋の川原などで
尾羽を上下に振っている小鳥

中部地方の高原と北海道の草原で繁殖する
が、東北地方ではほとんど繁殖はしない。春
秋には平地でよく見かけ、特に9〜10月頃
には農耕地を始め、川原や草地でも見かける。
草丈の少し高い場所に止まり、草から草を渡
り歩くことを繰り返しては、昆虫類やその幼
虫を捕まえて食べる。普通は1羽でいるが、
ときには数羽が一緒に行動している。

大きさ	全長13cm
分布	中部地方以北
鳴き声	ジャッジャッ、ヒーチョッピー
時期	1 2 3 ④⑤⑥⑦⑧⑨⑩ 11 12

日の丸

喉から胸にかけて赤っぽいことから、
特に北海道では「日の丸」と呼ぶこと
があるが、夏鳥として渡来する喉の赤
いノゴマのこともそう呼んでいる。

アマサギ

雌雄同色。頭から胸にかけ
てと、背は橙黄色で、胸と
背には長い飾り羽がある。
婚姻色は目先が紫色。

冬羽になるにつれ橙色は
徐々になくなるが、成鳥は
額に多少残り、幼鳥にはな
い。

農耕地 夏鳥

大きさ	全長46〜56cm
分 布	本州以北
鳴き声	ガッ
時 期	①②③④⑤⑥⑦⑧⑨⑩⑪⑫

名前の語源

亜麻色のサギなのでこの名前になった
と思われがちだが、名前は「飴色のサ
ギ」から付いた。ほかの漢字名に猩猩
鷺や黄毛鷺、尼鷺がある。

頭部の羽が橙色の
シラサギ類

夏鳥として九州、四国、本州で繁殖し、暖地
では小数が越冬することもある。渡来直後に
は休耕田や草地、水田などでバッタなどの昆
虫類やカエル、トカゲなどを捕らえる。放牧
地などでは歩いている牛の後ろを小群で付い
て歩き、飛び出した獲物を捕らえたりする。
川や池などの水場に入ることは少ないが、渡
去する8月以降には入ることも少なくはない。

チュウサギ

雌雄同色。夏羽はくちばし
と足は黒く、胸と背には細
かくて長い飾り羽があり、
広げると美しい。

冬羽はくちばしが黄色くな
り、飾り羽もなくなる。写
真個体のくちばしの先には
泥汚れが付いている。

農耕地 夏鳥

胸と背に長い飾り羽がある
シラサギ類

夏鳥として、主に農耕地や草地に渡来するが、
秋の渡り期には池などにも入る。水田や草地
などでカエルやトカゲ、昆虫類をよく捕るが、
魚類も結構捕らえる。ほかのサギ類と共に集
団で樹上に粗末な巣を作り、4〜5個の卵を
産んで営巣する。採食は縄張りを持って行う
ので、複数でいることはないが、渡去する頃
には群れで行動することが多くなる。

大きさ	全長65〜72cm
分 布	九州以北〜本州中部地方以南
鳴き声	ゴァー
時 期	①②③④⑤⑥⑦⑧⑨⑩⑪⑫

集団営巣（コロニー）

サギ類は農耕地近くの林などに、複数
の種類が密集して巣を作り、多数が集
団で繁殖する。そこはサギ山と呼ばれ、
騒音や糞の被害でよく問題になる。

スズメ目 | セキレイ科

タヒバリ

雌雄同色。冬羽の頭からの上面は灰褐色で、黒褐色の不明瞭な縦斑がある。目の後方と目先、顎線は汚白色。

夏羽。頭からの上面は灰色みが強くなり、喉からの体下面は淡い橙褐色になる。

農耕地

冬鳥

大きさ	全長16cm
分布	ほぼ全国
鳴き声	ピィ、ピピピィ
時期	① ② ③ ④ ⑤ ⑨ ⑩ ⑪ ⑫

名前の語源

田んぼにいるヒバリに似た鳥、である。同じ仲間のビンズイの別名が木雲雀で、それに対して水田にいることから田雲雀になったのだろう。

地味な色合いの
セキレイの仲間

冬鳥として川原や農耕地、草丈の低い草地などに渡来する。尾羽を上下に振りながら歩きまわり、草の種子や昆虫類、クモ類などを採食する。何かに驚いても、ほかのセキレイ類ほどは高い木の枝や電線、建造物の上などには飛び上がらない。多くは小群でいるが、あまり近づかずに適度にバラバラで行動し、夕暮れになるとねぐらの林などへ飛んで行く。

コミミズク

雌雄同色。雄の方が全体に白っぽい傾向がある。虹彩は黄色。よく似ているトラフズクの虹彩は赤い。

アシ原の上空をゆっくりとした羽ばたきで飛び、獲物を探しまわる。

農耕地

冬鳥

草地の上をゆっくり飛ぶフクロウ類

日中は休息しているが、夕方か、個体によっては午後には飛び始めてネズミを採食する。ネズミを捕まえるのは得意で、百発百中といっても過言ではないくらいだ。近くに他の猛禽類がいると、コミミズクが捕らえた獲物を横取りしようと、執拗に追いかける姿を見ることもよくある。獲物が余分だと、草藪などに隠す貯食行動が見られることもある。

大きさ	全長37〜39cm
分布	ほぼ全国（南西諸島では少ない）
鳴き声	ギャッ
時期	①②③④⑤　　　⑩⑪⑫

ミミズクの耳は見えない

耳のように見えるのは、羽角というただの数枚の長い羽。実際の耳は顔の輪郭にそってあり、顔全体が集音のためのパラボラアンテナになっている。

95

ミヤマガラス

雌雄同色。ほかのカラス同様に全身が真っ黒だが、くちばしの基部が白っぽい。若い個体はその白がない。

群れは一定のエリア内を常に移動して飛びまわり、同一場所にずっといることはない。

農耕地

冬鳥

大きさ	全長47cm
分 布	ほぼ全国（南西諸島には少ない）
鳴き声	ガララ、ガー
時 期	①②③④⑤ ⑥ ⑦ ⑧ ⑨⑩⑪⑫

名前の語源

「深山」と付いているが、少数しか見られない時代に付けられた名前だ。生活の場は平地の広い農耕地帯が多く、今は大きな群れになることが多い。

農耕地の上空を群れで飛び回るカラス

冬鳥として渡来する。以前は九州だけで見られていたが、徐々に生息域を拡大し日本海側を北上して、さらに太平洋側を南下するように広がってきた。広い農耕地や空き地、草原などでは大群になっている。何かに驚くと、飛び上がって電線に止まったり、渦を巻くように上空を飛んだりして移動する。夕暮れ時には、近くの山地へ移動してねぐら入りする。

タゲリ

雌雄ほぼ同色。後頭部の冠羽が雄は長く、雌は短め。夏羽になると、雄は喉部が黒くなる。

子猫のような「ミュー」という声を出して飛び上がり、ふわふわした羽ばたき方で飛ぶ。

農耕地 冬鳥

頭に換羽がある
金属光沢の羽のチドリ

東北地方南部以南に冬鳥として渡来し、多くは群れで生活しているが、温暖な地域では少数で行動していることもある。大きな群れは数百羽にもなり、群れが飛ぶと体下面の白と上面の緑色が交互に見えて美しい。水が少ない耕作地などを歩きまわり、昆虫類やその幼虫、甲殻類などを採食し、ときどき足で地面をたたき、地表に出てきたミミズを捕る。

大きさ	全長28〜31cm
分 布	本州以南
鳴き声	ミューウ （子猫のような声で鳴く）
時 期	① ② ③ ④ ⑤ 6 7 8 ⑨ ⑩ ⑪ ⑫

足指の数

チドリ類の足指は前に3本で、後指（第一趾）がない種類が多いが、大型チドリ類にはある種類もいる。タゲリにはあるので、足指は全部で4本だ。

チドリ目 | チドリ科

ムナグロ

雌雄同色。頭からの上面は黒、黄褐色、白色の斑模様で、顔から体下面は黒い。眉斑から上下面の間は白い。

農耕地　旅鳥

よく見る若鳥で、上面は成鳥と変わりはないが、体下面は白っぽい。

大きさ	全長23～26cm
分布	九州以北
鳴き声	キュピィ
時期	①②③④⑤⑥⑦⑧⑨⑩⑪⑫

英名と和名の違い

日本の標準和名は、胸が黒いことから名付けられたが、英名は夏羽の上面が金色だとして、ゴールデンプロバー、黄金のチドリという名前だ。

上面が黄金色の
チドリ類

春秋の渡り期に多く見られるが、秋よりも春のほうが数は多いようだ。個体によって顔からの体下面の羽色は様々で、黒い成鳥や、黒い部分がまだらな個体、まだ黒くなっていない若い個体などが群れに交じっている。農耕地に多く生息していて、水があっても少ないか、全くない乾燥地の地上を選んで歩きまわり、昆虫類の幼虫やミミズなどを採食する。

雌雄同色。夏羽個体だが、一般的なシギ類の換羽と違い、複雑な換羽をするため、夏羽と冬羽の違いは難しい。

チドリ目 | シギ科

タカブシギ

成鳥冬羽。胸から腹部にかけてが縦斑ではなくなって、塗ったような淡灰褐色になる。

幼鳥。頭からの上面は灰褐色で、白っぽい羽縁斑は成鳥ほどの丸みがない。

農耕地　旅鳥

淡水域に普通見られるシギ類

シギ類には、淡水域を好んで生活する種類と、海水域を好む種類、または両方に出入りする種類もいる。本種は海水域に入ることはほとんどなく、もっぱら淡水域で生活している。多くは群れで渡来するが、近年、その数は減少傾向にあり、数百羽の群れを見ることはとても少なくなった。それでもシギ類の中では一般的な種なので、観察する機会は多い。

大きさ	全長19〜21cm
分布	全国
鳴き声	ピィピピ…（飛び立つ時）
時期	①②③④⑤ 6 7 ⑧⑨⑩⑪⑫

名前の語源

尾羽にある横斑が、鷹の斑に似ていることから「鷹斑鷸」と名付けられた。しかし、尾羽は開かなければ見えないので、その斑はほとんど見られない。

コアオアシシギ

雌雄同色。夏羽。頭から腹部にかけては白く、黒褐色の斑がある。背の上部や翼は黒褐色で、黒い斑が混じる。

冬羽。頭からの上面は灰褐色で、羽縁が白っぽい。全体にはのっぺりとした感じの羽色になる。

幼鳥。上面が淡褐色で、羽縁が白い。この個体は背に冬羽が出てきている。

農耕地
旅鳥

大きさ	全長22〜26cm
分 布	ほぼ全国
鳴き声	ピョー、ピィピィピィ
時 期	1 2 3 ④⑤ 6 7 ⑧⑨⑩⑪ 12

よく似ている鳥

アオアシシギはとてもよく似ているが、くちばしはやや上に反っているように見える。コアオアシシギはくちばしが細くて真っ直ぐなことで識別する。

足が長い
スマートなシギ類

主に淡水域を好んで生活し、１羽か小群での活動が多い。浅い水のある砂泥地を足早に歩き、昆虫類の幼虫や甲殻類、オタマジャクシ、タニシの幼生などを採食するが、ときにはドジョウや小魚も捕る。体のわりに足が長いので、水深の深いところでも結構採食する。春よりも秋の渡り期の方が多く観察される傾向があり、綺麗な夏羽を見る機会は少ない。

アオアシシギ

雌雄同色。夏羽。肩羽には
黒っぽい縦斑が見られ、顔
から胸、脇腹にかけては黒
褐色の縦斑がある。

冬羽。上面は灰色っぽくて
白い羽縁があり、喉からの
体下面も白く、縦斑は少な
い。

農耕地 旅鳥

口笛のような鳴き声の
中型シギ類

淡水域を好んで生息し、ときどき海水域でも
見られる。小群で行動していることが多いが、
１羽で見られることもある。浅い水辺を足早
に歩いて、昆虫類、甲殻類、オタマジャクシ
などを捕り、ときにはくちばしを開いて水に
つけ、小走りしながら小魚を捕らえる。移動
するときには「チョーチョーチョー」と、３
音のよく通る声で鳴きながら飛び立つ。

大きさ	全長30〜35cm
分布	全国
鳴き声	チョーチョーチョー
時期	① ② ③ ④ ⑤ ⑥ ⑦ ⑧ ⑨ ⑩ ⑪ ⑫

鳴き真似で合図

特徴的な鳴き声は、結構遠くでもよく
聞こえる。携帯電話がない時代のフィ
ールドでは、この鳴き声を真似て口笛
を吹き、鳥仲間との合図にしていた。

オグロシギ

幼鳥。頭頂は灰褐色で橙色みがある。上面は淡い灰黒色で、羽縁が白っぽい。背の羽を逆立てることがある。

雌雄ほぼ同色。雄。顔から胸の橙色みは強い。くちばしは真っ直ぐで、先は黒っぽい。

年齢、夏羽、冬羽に関係なく、尾羽はほぼ黒く、上尾筒と翼帯の白が特徴的。

農耕地　旅鳥

大きさ	全長36〜44cm
分 布	全国
鳴き声	ケッケッ
時 期	1 2 3 ④ ⑤ 6 7 ⑧ ⑨ ⑩ ⑪ 12

歩き方の特徴

水中にくちばしを入れたまま、歩きながら採食する中型や大型のシギ類は何種類かいる。これらには、背中の羽を逆立てて歩く種類が結構いる。

尾羽がほぼ黒い
大型のシギ類

春よりも秋の渡り期の方が多数で、春の夏羽は太平洋側に少なくて、比較的、日本海側に多数記録される。また、淡水域の方が多く記録されるが、海水域でも見られる。小群での行動が中心で、淡水域ではタニシなど貝類の幼生やミミズ類などを採食し、海水域ではゴカイ類やカニ、エビなどの甲殻類を捕る。警戒心が薄く、貝掘りの人の近くでも採食する。

チュウシャクシギ

雌雄同色。頭から上面は全体に褐色で、羽縁は淡色。くちばしは黒っぽくて、下に湾曲している。

休息中の小群。頭央線と眉斑は白っぽく、頭側線と過眼線は黒褐色なのが特徴的。

農耕地 旅鳥

くちばしが下に湾曲した大型のシギ類

淡水域と海水域のどちらでも見られるが、特に水田地帯でよく観察されて、1羽よりも群れで行動していることが多い。採食中はバラバラになって、淡水域ではカエルやオタマジャクシ、畑地や荒れ地ではバッタなどの昆虫類、海水域では穴にくちばしを差し込んでカニやシャコなどを採食する。渡り期には数百から数千もの群れで海上を飛ぶことがある。

大きさ	全長42cm
分布	全国
鳴き声	ピピピピピピピ
時期	1 2 3 ④ ⑤ 6 7 ⑧ ⑨ ⑩ ⑪ 12

特徴的な鳴き声

「ピピピピピピピ」と、7音で聞こえる鳴き声から、「セブンホイッスル」と愛情を込めて呼んでいる国もある。特徴のある声で、とても覚えやすい。

103

キリの木に止まって鳴いているカッコウ

第 4 章

山麓

山麓の丘陵や雑木林など

オオタカ

雄成鳥。頭からの上面は黒っぽく見える蒼色で、白い眉斑がある。喉からの体下面は白く、灰褐色の横斑がある。

雌成鳥。頭からの上面は黒っぽく、褐色みがある。目先は雄のように黒くはない。

大きさ	全長♂50 ♀58.5cm
分布	九州北部以北
鳴き声	ケッ
時期	① ② ③ ④ ⑤ ⑥ ⑦ ⑧ ⑨ ⑩ ⑪ ⑫

名前の語源

「大きい鷹」や、雄の上面の蒼色から、「蒼鷹」が転じたという説などがある。「タカ」の確かな語源は不明だが、「猛き」が転じたものかもしれない。

鋭いくちばしの中型のタカ類

九州以北の山地に生息していたが、近年では都会近くの広い公園などでも繁殖するようになった。毎年同じ巣を使うことが多いが、個体によっては2～3カ所の巣を年によって替えるものもいる。採食は鳥類を中心に、ネズミやウサギ、モグラなどを捕らえる。非繁殖期は、あまり移動しない個体と、コガモなどが集まる水辺へ移動する個体がいる。

雌。コガモの群れに突っ込
んだものの、捕食には結局
失敗してしまった。

雄。飛びながら獲物を探している。真っ白
な下尾筒は巻き上がって、上面側まで覆う。

幼鳥。全体に茶褐色だが、腹部は淡い
茶褐色で、黒褐色の縦斑がある。

フクロウ目	フクロウ科

フクロウ

雌雄同色。羽色は北海道に生息する個体は特に白っぽくて、逆に九州の個体はかなり黒っぽく見える。

ヒナ。北海道に生息する亜種エゾフクロウ。親鳥と同じように本州のヒナよりも白っぽい。

巣で待つヒナにネズミを持ってきた親鳥。枯れ葉があって、ネズミの種類はわからない。

山麓漂鳥

大きさ	全長50cm
分布	九州以北
鳴き声	ゴッホ ゴロホォゴッホ、ギャー
時期	① ② ③ ④ ⑤ ⑥ ⑦ ⑧ ⑨ ⑩ ⑪ ⑫

狩りは耳が頼り

フクロウの顔は全体で集音器の役目があり、耳はとても良い。雪があってもネズミの居場所を耳で特定し、ピンポイントで足から突っ込んで捕らえる。

人間みのある顔のフクロウ類

一年中、あまり移動はせずに生活していて、日中は暗い林の中で過ごし、夕暮れから活動し始めるのが普通。しかし、前日が雨や強風だったりすると、翌日には昼間でも狩りを行うことがある。羽音を立てずに飛びまわり、主にネズミ類を捕らえるが、鳥類やは虫類、昆虫類なども捕る。大木の洞などに、2〜5個の卵を産んで営巣し、雌だけが抱卵する。

108

ミソサザイ

雌雄同色。全体に茶褐色で、上面の各羽には黒い横斑がある。少し高い場所を選んでさえずる。

地上で採食していても、移動するときには何かの上に出てくることもある。

山麓
漂鳥

小さい鳥代表だが
鳴き声は大きい鳥

越冬期には、少しでも水のある場所の草藪や岩陰、木の根の隙間などの薄暗い地上を好み、尾羽を立てて腰を左右に振って歩きまわる。「チィチィ…」とウグイスの地鳴きに似た声を出し、小さな昆虫類やクモ類などを採食する。越冬期以外は、もう少し明るい場所にも出てくるが、繁殖は木の根や岩、橋桁などの隙間に苔で大きな丸い巣を作って営巣する。

大きさ	全長10〜11cm
分 布	屋久島以北
鳴き声	チャッチャッ
時 期	❶❷❸❹❺❻❼❽❾❿⓫⓬

雄は忙しい

雄は巣を2〜3個作り、その中から雌が選んで繁殖する。また、体のわりによく通る大きな声でしょっちゅう縄張り宣言をするので、雄は大変だ。

スズメ目 | キクイタダキ科

キクイタダキ

雌雄ほぼ同色。黒い大きな目で、そのまわりは白っぽく見える。翼の模様は複雑。

頭頂部に黄色い羽があり、その中央部には隠れて見えにくい赤い羽が雄だけにある。

山麓漂鳥

大きさ	全長9〜10cm
分 布	九州以北
鳴き声	チィー、チュチュッチィ
時 期	①②③④⑤⑥⑦⑧⑨⑩⑪⑫

頭に菊の花

越冬期に目にすることはあまりないが、頭頂には黄色と赤の部分があり、繁殖期の求愛時などに頭部の羽を広げると鮮やかな色が見えることがある。

頭頂に菊模様がある
小さな鳥

繁殖地は亜高山帯から高山にかけての針葉樹林帯なので、その様子を見ることはまずないが、繁殖期以外は年によって、多くの個体が平地に下りて来るので、普通に見られる。平地では針葉樹だけでなく、モミジなどの落葉樹にもよくやってくる。キクイタダキの好物のアブラムシの卵や成虫がモミジなどに付いているからだ。また、クモ類もよく食べる。

ヒガラ

雌雄同色。頭と喉は黒く、頭頂部は冠羽のように立っている。後頭部と頬は白く、背は青灰色。

真正面から見ると頭頂が立っているのがよくわかり、喉のよだれかけもわかりやすい。

翼に2本の白線がある
シジュウカラの仲間

平地から山地の針葉樹のある林を好んで生息し、越冬期は小群での生活が多い。また、キクイタダキやシジュウカラなどの群れに入って行動することも多い。年によっては都心の針葉樹が多い公園にも姿を現し、樹木の枝先付近に付いている小さな昆虫類やアブラムシ、クモ類などを採食するが、針葉樹の種子を食べたり、草の種子を採食することもある。

山麓漂鳥

大きさ	全長10.5〜11cm
分 布	屋久島以北
鳴き声	チー、ツチリリ、ツピィツピィツピィ
時 期	①②③④⑤⑥⑦⑧⑨⑩⑪⑫

カラ類3種の見分け方

一緒に見ることも多い種だが、喉から腹部の黒い部分の形で見分ける。シジュウカラはネクタイ。コガラは蝶ネクタイ。ヒガラはよだれかけだ。

ビンズイ

雌雄同色。眉斑は白い。喉から下の体下面は白く、胸から脇腹には黒褐色の縦斑があり、よく目立つ。

松の枯れ葉の上をよく歩きまわる。耳羽後方の白斑が特徴。

山麓漂鳥

大きさ	全長15cm
分布	九州以北
鳴き声	ツッィー、チョチョズィーズィーチョチョツー
時季	① ② ③ ④ ⑤ ⑥ ⑦ ⑧ ⑨ ⑩ ⑪ ⑫

名前の語源

さえずりの「ビンビン ツィツィ」からつけられた。漢字名には便追や木鶲があり、木の梢でよくヒバリのように鳴くことから木雲雀の異名もある。

松林の地面を歩く
セキレイの仲間

繁殖期は高原の岩が散在する所や、草原の潅木がある場所を好んで生息する。越冬期には針葉樹の木の下を歩きまわる姿をよく見かける。何かに驚くと近くの木の枝に飛び上がったり、その場に止まることなく枝上を歩いたりする。尾羽を上下にゆっくり振りながら地上を歩き、昆虫類やクモ類、草木の種子を採食し、特に松の種子を採食することが多い。

ベニマシコ

冬羽雄。夏羽のような鮮やかさはないが、口のまわりや腰には鮮やかな紅色が見られる。

雌。全体が淡褐色で、黒褐色の縦斑がある。翼の2本の翼帯がよく目立つ。

夏羽雄。繁殖期は全体が鮮やかな紅色。頭部や喉はやや白っぽさがある。

全体が紅色をした
アトリ類

繁殖は主に北海道の草原で行い、それよりも南で越冬する。越冬中は常に声を出しているので意外と見つけやすい。アシ原や林縁部、草地などで、多くは小群で行動するが、1羽でいることもよくある。草木の種子や芽、昆虫類やクモ類なども食べ、薮の中で採食していることが多い。春先になるとヤナギの新芽なども食べるので、目立つ所に出てくる。

大きさ	全長15cm
分 布	九州以北～北海道
鳴き声	フィッフィッ、チュルチュルチュ
時 期	①②③④⑤⑥⑦⑧⑨⑩⑪⑫

マシコの語源

「マシコ」は漢字では「猿子」。「マシ」は猿の古名で、ニホンザルの顔やお尻が赤いことから、赤い色をした仲間の鳥に「～マシコ」と名付けられた。

山麓 漂鳥

ウソ

亜種ウソ雄。頭頂部は黒くて、頬から喉は赤い。背は黒灰色で翼は黒く、腹部は灰褐色。

亜種アカウソ雄。亜種ウソとは違い、胸から腹部は頬よりも淡い赤色をしている。

山麓
漂鳥

大きさ	全長15.5cm
分 布	ほぼ全国
鳴き声	フィフィ、フィロ フィロ フィーフィ
時 期	①②③④⑤⑥⑦⑧⑨⑩⑪⑫

鷽替え神事

全国の天神様や天満宮などで、毎年「鷽替え神事」が行われている。凶事を嘘にして幸運の真に替えようと、ウソの木彫りのお守りを交換する行事だ。

サクラの芽を食べる嫌われもの

一般的に見る機会が多いウソの亜種は、亜高山帯から高山にかけての針葉樹林帯で繁殖し、非繁殖期に比較的少数が低山に下りる亜種ウソ。冬期に日本よりも北国から渡来し、平地でも結構見られるのが亜種アカウソ。春に各地の桜の名所で新芽を食べると嫌がられているのは亜種アカウソの方で、日本で繁殖する亜種ウソの方は濡れ衣の場合が多い。

亜種アカウソ。桜の芽を採食しているときにも小群のことが多い。

亜種アカウソ雌。頬には亜種ウソ雌と同様に赤い色はなく、亜種間の違いもほぼない。

亜種アカウソ雄。若い個体なので、腹部には赤みは見られない。亜種アカウソの外側尾羽には白い軸斑がある。

亜種アカウソ雌。亜種ウソの雌に比べて腹部の羽色が濃い傾向がある。

クロジ

成鳥雄。全体に灰黒色。ここまでの羽色になるには3年くらいはかかるようだ。

雌。アオジに似ているが、頭央線がはっきりあること、腰が茶色いことで識別できる。

大きさ	全長16.5cm
分 布	ほぼ全国
鳴き声	チッ、ホイーチィチィ
時 期	① ② ③ ④ ⑤ ⑥ ⑦ ⑧ ⑨ ⑩ ⑪ ⑫

難しい鳥

ほぼ日本でしか見られない難しい鳥なので、外国からのバードウォッチャーが、日本で見たい鳥の1種にあげている。しかし、なかなか見られない。

暗い場所から出ない
ホオジロの仲間

繁殖期は北海道の平地や、中部地方以北の亜高山帯の主に針広混合林の林床にササが繁茂しているような場所に多く生息し、非繁殖期は平地から山地の薮がある樹林内で生息する。警戒心が強く、ちょっとした足音などでもすぐに薮に身を隠すが、じっと待っていると薮から出て来て、林縁部で草の種子などを採食する。また、林道などにも出てくる。

アカゲラ

雄。後頭部が赤い。下腹部
と下尾筒は雌雄とも赤い。
上面は白黒模様で白くて大
きな斑がある。

雌。頭部に赤い部分はない。
ほかは雄の模様と同じ。

山麓 凛鳥

キツツキ代表の
赤、黒、白のキツツキ

九州や四国にも少数が生息し、主に本州以北
で、北へ行くほど数は多い。巣は山地の枯れ
た木の幹に、縦45㎜、横42㎜ほどの穴を開
けて繁殖する。非繁殖期は同一場所に生息す
るものと、繁殖地よりも低地へ移動するもの
とがいる。越冬中のキツツキ類は木の実をよ
く採食するが、アカゲラはほかのキツツキ類
よりも比較的、動物質を多く捕るようだ。

大きさ	全長23cm
分布	本州以北
鳴き声	キョッ、ドロロロ
時期	①②③④⑤⑥⑦⑧⑨⑩⑪⑫

三点支持

キツツキ類は木の幹に縦によく止まる
が、両足の指だけで止まるのではなく、
2枚ある中央尾羽の羽軸が堅く、それ
が三つ目の支えになっている。

タカ目 | タカ科
ノスリ

雌雄ほぼ同色。雄の上面
は雌よりも濃いことなど
で雌雄がわかるが難しい。
成鳥の虹彩は暗色。

若鳥。生後1年以内の個
体で、虹彩は黄色っぽい。
停空飛行で獲物を探す。

山麓 漂鳥

大きさ	全長♂50〜53、♀53〜60cm
分 布	中部地方以北
鳴き声	ピーエー
時 期	①②③④⑤⑥⑦⑧⑨⑩⑪⑫

繁殖は増加

以前は少数が中部地方以北の本州だけ
で繁殖していたが、現在は関東地方以
北で多数繁殖するようになり、個体数
も増加傾向にあるように思う。

野原の上空で
停空飛行する猛禽類

ほぼ全国で見られるが、南西諸島では少ない。
関東地方北部の山地から北では繁殖してい
る。越冬期は、冬鳥として渡来したものが農
耕地などでもよく見られ、樹木の枝に止まっ
たり、上空に飛び出して停空飛行したりして、
地上にいるネズミ類を主に捕っている。日中
よりも、ネズミがより活発になる朝夕にノス
リも林から出てきて活動を始めている。

コムクドリ

雄。頭部は淡いクリーム色で、耳羽の部分は茶色。背などは黒くて紫色の光沢がある。翼は緑や紺色の金属光沢。

雌。頭部は褐色みのあるクリーム色。雌雄とも目が黒く、可愛く見える。

山麓 夏鳥

金属光沢の翼の ムクドリ

渡り期には大きな群れだが、繁殖地では番いで、キツツキの古巣などを利用して営巣する。繁殖が終わると雌雄と幼鳥が交じって大群となり、都心近くの林などに徐々に姿を見せるようになる。公園などにいるムクドリの群れに、1羽や少数が交じっていることがあり、春の渡り期には川原などに現れることもあり、ムクドリを見かけたら注意が必要だ。

大きさ	全長18〜19cm
分布	中部地方以北
鳴き声	ギュル、キュル、キュキュビュルキュルルキュルル
時期	1 2 3 ④ ⑤ ⑥ ⑦ ⑧ ⑨ ⑩ 11 12

ムクドリの人気者

ムクドリは街路樹などにねぐらを作り、糞公害や騒音で嫌われることが多いが、コムクドリは可愛い顔なので人にはよく好かれ、人気度はかなり違う。

119

セ■■イムシクイ

雌雄同色。頭からの上面は緑色みの強いオリーブ色で、頭部は少し濃い。喉からの体下面は白っぽい。

眉斑は白っぽく、頭央線は黄白色で、ほかのムシクイ類との識別に役に立つ。下嘴は肉色。

山麓 夏鳥

大きさ	全長12〜13cm
分布	九州以北
鳴き声	ピィ、チヨチヨビー
時期	1 2 3 ④⑤⑥⑦⑧⑨⑩ 11 12

聞きなし

センダイムシクイの聞きなしの一つに「焼酎一杯グィー」というのがあって、私にはそうは聞こえないが、なかなか良い、楽しい聞きなしだと思う。

「チヨチヨビィー」と鳴くムシクイ類

春の渡り期には都心の街路樹でも姿を見ることがあったが、現在では郊外の公園や雑木林で見られている。山地の雑木林で、地上に営巣して繁殖する。8月下旬頃から里にも下りてきて、エナガやメジロなどの混群に交じって行動している。この頃はさえずらないので、地鳴きの「ピィ」という声を頼りに探すが、見つけることは慣れれば案外容易だ。

スズメ目｜ムシクイ科

エゾムシクイ

雌雄同色。上面は緑色みの
ある暗褐色で、頭部は特に
濃い色をしている。上嘴と
下嘴ともに黒っぽい。

くちばしは黒っぽいが、上嘴と下嘴の合わせ目は肉
色で目立つ。秋の渡りは早く、8月下旬から始まる。

よく似ているメボソムシクイ。雌雄同色。亜
高山帯で繁殖し、渡り期にときどき目にする。

山麓　夏鳥

鋭い声で「ピッ」と鳴く
ムシクイ類

　春の渡り期に少数が平地に現れるが、さえず
りを頼りに探すしかなく難しい鳥である。さ
えずらない秋の渡り期は春よりも少数で、地
鳴きだけで探すのはさらに難しい。繁殖期は
中部地方以北の山地で、わりに暗い林を好ん
で生息し、林内の高所を動きまわって、昆虫
類やクモ類などを採食する。木の根の隙間や
下草が茂った傾斜地の暗い場所に巣を作る。

大きさ	全長12cm
分布	中部地方以北
鳴き声	ピッ、ヒーツーキー
時期	① 2 3 4 5 6 7 8 9 10 11 12

ムシクイ類の識別点

　日本で見られるムシクイ類は15種類
で、どの種もとてもよく似ている。だ
が、さえずりだけははっきり違うので、
識別はさえずりで行うのが普通だ。

121

コルリ

雄。頭頂からの上面は暗青色で、目先から頬にかけては黒い。喉からの体下面は白く、脇腹に少し青い色がある。

雌。頭頂からの上面はオリーブ褐色。体下面は白っぽくて、褐色の鱗模様がある。

山麓　夏鳥

大きさ	全長14cm
分布	中部地方以北
鳴き声	ツッ、チチチ、チョイチョイ、ヒンチョルル
時期	1 2 3 ④ ⑤ ⑥ ⑦ ⑧ ⑨ ⑩ 11 12

瑠璃色の小鳥

「青い鳥」にはカワセミやイソヒヨドリも入るだろうが、「瑠璃色の小鳥」というと、名前に瑠璃が付いているコルリ、オオルリ、ルリビタキくらいだ。

暗い場所でさえずる
小型のツグミ類

低山から亜高山帯の、林床にササ類や潅木がある暗い林を好んで生息する。朝夕は中高木でさえずるが、普段は地上を歩きまわり、昆虫類やクモ類、ミミズ類などを採食する。春の渡り期には公園や雑木林などでも見ることはあるが、暗い林床にいることが多いので、見つけるにはやはりさえずりを頼りにするしかない。秋に平地で見る機会は春より少ない。

スズメ目 ヒタキ科

コマドリ

雄。頭部は赤橙色で、頭頂部は褐色みがある。背からの上面は茶褐色で、胸には黒帯がある。

雌。雄に比べて全体に淡色で、胸に黒い帯はない。

馬の鳴き声から
「駒鳥」になった

山地から亜高山帯のササのある、特に針葉樹を好んで生息する。苔むした岩の上や林床を歩きながら、昆虫類やクモ類、ミミズ類などを採食し、ときどき高い場所に止まってはさえずっている。春秋の渡り期には公園や山地の麓付近などにも姿を現すことはあるが、暗い場所からなかなか出て来ないので、見るにはかなりの根気が必要かもしれない。

大きさ	全長14cm
分布	九州以北
鳴き声	ツイツイ、ティ、ヒン カラララ
時期	1 2 3 **4 5 6 7 8 9 10** 11 12

学名の取り違え

世界共通の名前である学名は、コマドリがakahigeで、南西諸島に生息するアカヒゲがkomadoriになっている。単純な最初の間違いだったという。

123

クロツグミ

雄。くちばしと足は黄色く、頭からの上面と胸までは黒いが、背や肩羽などは少し淡色。腹部は白く黒斑がある。

雌。上面は淡黒褐色。体下面は白っぽく、脇腹には橙色みがあり、黒褐色の斑がある。

山麓 夏鳥

大きさ	全長21.5cm
分布	九州以北
鳴き声	ツィー、キョキョ、ピィチョチョチョ キコキコ キョロン
時期	1 2 ③ ④ ⑤ ⑥ ⑦ ⑧ ⑨ ⑩ ⑪ 12

さえずりでは負けない

ヨーロッパに生息する美声で有名な、全身が黒っぽいクロウタドリに似ているが、クロツグミの腹部は白くて、さえずりはこちらのほうが素晴らしい。

爽やかな声でさえずる ツグミ類

繁殖期は主に、山地の比較的に明るい林を好んで生息する。地上を数歩跳ね歩いては立ち止まることを繰り返しながら、落ち葉や土をかき分けて主にミミズ類を捕る。春秋の渡り期には、目立たない地上か樹上で見ることが多い。春にはさえずりを頼りに探し、秋にはミズキなどの木の実のある場所を探すと良いが、見つけるのは結構大変かもしれない。

ホトトギス

雌雄ほぼ同色。背からの上面は灰黒色。頭から胸上部にかけては灰白色で、胸から腹部は白く、黒褐色の横斑がある。

雌の赤色型。まれに赤色型個体がいる。上面は赤茶色で背から尾羽には黒褐色の斑があり、腹部は白く黒褐色の横斑がある。

山麓 夏鳥

「特許許可局」と鳴くカッコウ類

カッコウ類の中では一番小さくて、雄は昼夜に関係なく、林の上空を飛びながらや林縁部の高木の梢近くに止まって鳴いている。雌雄に関係なく1羽で行動し、雌が「ピピピ…」と鳴くと、雄が遠くからでも飛んで来る。採食は朝夕に活発に行うことが多く、主に毛のあるガ類の幼虫を捕らえて食べている。食事場所もある程度は決まっているようだ。

大きさ	全長28cm
分布	全国
鳴き声	♂キョキョッ キョキョキョ、♀ピイピイ…
時期	1 2 3 4 ⑤ 5 ⑥ ⑦ ⑧ ⑨ 10 11 12

托卵相手

カッコウ類は、ほかの種類の鳥の巣に自分の卵を直接産んで、育雛させるという託卵行動をする。ホトトギスは主にウグイスが托卵相手だ。

スズメ目 ヒタキ科
カッコウ

雌雄ほぼ同色。頭頂からの上面は淡い青灰色で、褐色みがある。喉から胸は灰色で、腹部は白く、灰黒色の横斑がある。

雄。自分の縄張り内をよく飛びまわり、なにかに止まるとしばらくはその場で鳴く。

山麓 夏鳥

大きさ	全長33〜36cm
分 布	九州以北
鳴き声	♂カッコウ…、♀ピィピィ…
時 期	1 2 3 4 ⑤⑥⑦⑧⑨⑩ 11 12

托卵相手

カッコウの託卵相手は、ほかのカッコウ類よりも多種にわたり、モズ類やヨシキリ類、ムシクイ類、ホオジロ類、セキレイ類、オナガなど。

一見タカに見える
カッコウ類

郊外から山地まで広く生息している。1羽で行動しているのが普通で、電線や木の梢、杭などに止まって鳴くが、ホトトギスのように夜間には鳴かない。採食時には地上近くに下りてきて、主にガ類の幼虫を食べる。別の雄のカッコウが近くで鳴くと、すぐに飛んで行き、執拗に追いかけまわして、自分の縄張りから追い出すという行動をよく見かける。

雌。全体には雄と変わりは
ないが、胸の下部に褐色の
横斑がある。

ほかのカッコウ類と同じで、ガの幼虫
の毛虫を捕らえることが多い。

仮親のオナガ（右）から食べ物をもらうヒナ。オ
ナガの巣に托卵されて、オナガに育てられている。

アオバズク

雌雄同色。頭部からの上面は黒褐色で、くちばしの近くは白っぽい。腹部は白っぽく、褐色の斑が密にある。

幼鳥。羽色は成鳥とあまり変わらない。虹彩は年齢に関係なく黄色い。

山麓

夏鳥

大きさ	全長29cm
分布	ほぼ全国
鳴き声	ホッホッ
時期	①②③④⑤⑥⑦⑧⑨⑩⑪⑫

効果的な鳴き声

テレビや映画などで、フクロウが鳴いているとされるシーンがあるが、それに使われる効果音は、アオバズクの鳴き声であることが多い。

青葉の頃に渡来する
フクロウ類

大きな木があれば、都心近くの神社仏閣などにも生息する。繁殖期には、夕暮れに雌雄で鳴き合って活動を始める。羽音を立てずに飛びまわり、飛んでいる大型のガ類や甲虫類を主に採食し、小鳥やヤモリ、コウモリなども捕る。大きな木の洞や建造物の穴などに営巣し、雌が抱卵中は雄が近くの枝で巣穴を見張り、ヒナが大きくなると雌が見張っている。

サシバ

雌雄ほぼ同色。雄。頭部には青灰色みがあり、後頭からの上面は茶褐色で、羽縁がわずかに白っぽい。

雄。胸の茶褐色部分が塗りつぶしたように見える。雌のこの部分は白い斑が目立つ。

幼鳥。体下面は淡褐色で、茶褐色の縦斑がある。成鳥は横斑になる。

タカ類の中では
良く鳴くタカ

水田地帯の林に生息するグループと、山地の渓流地に生息するグループがいる。渡来後の早い時期から林の中の樹上に営巣し、近くの採食場で両生類やは虫類を主に捕り、小鳥の巣立ちビナやネズミなども捕る。秋の渡り期は9月下旬から10月上旬で、タカ渡りで有名な伊良湖岬や白樺峠などのほか、都心上空を渡っていたりして、日本中で観察できる。

大きさ	全長♂47、♀51cm
分布	九州以北〜本州
鳴き声	ピックィー
時期	1 2 3 4 5 6 7 8 9 10 11 12

タカ渡りに気づいた最初

1972年10月に愛知県のバードウォッチャーが西へ向かうサシバの群れを見たのが「タカ渡り」観察の始まり。今では全国で観察や調査が行われている。

山麓 夏鳥

キレンジャク

雌雄ほぼ同色。雄の翼には黄色と白でのはっきりしたV字模様がある。雌はV字があっても白い部分が細い。

若鳥。ヤドリギを食べに来た。翼の赤い蠟質部分は小さい。

大きさ	全長19〜20cm
分布	ほぼ全国
鳴き声	チリリ…、チーチー
時期	①②③④⑤ 6 7 8 9 ⑩⑪⑫

翼の赤い部分は蠟

キレンジャクには、翼の次列風切と三列風切の一部に、鮮やかに赤い蠟質の突起物がある。何のためなのかは不明だし、なぜか、ヒレンジャクにはない。

尾羽の先が黄色いレンジャク類

群れで行動することが多く、数十羽から数百羽にもなり、以前は数千羽になることもあった。渡来数は年によって極端に違い、全く渡来しない年もある。主に樹上生活で木の実を採食するが、まだ熟していない堅い実でも食べる。春が近づくと地上に下りて、ヤブランやジャノヒゲの実なども食べ、昆虫類も木から飛び立つフライキャッチで食べる。

ヒレンジャク

雌雄ほぼ同色。雄の翼には白いV字が見られるが、雌にはないか、あっても細い。尾羽先端の赤も雄の方が太い。この実はトウネズミモチ。

レンジャクは「連雀」で、名前の通り、群れは連なって止まる。

尾羽の先が赤い
レンジャク類

キレンジャクと同様で、渡来数には極端な変異があり、ほぼ渡来しない年もある。キレンジャクは関東地方以北に多く、ヒレンジャクはそれよりも南に多かったが、近年はあまり関係なく渡来する傾向がある。どちらも渡来直後は山地などにいて、徐々に平地に下りてきて、都心近郊の林にも姿を現す。いろいろな種類の木の実や花芽などを食べる。

大きさ	全長17〜18cm
分 布	ほぼ全国
鳴き声	チリチリ…、ヒィー
時 期	① ② ③ ④ ⑤ 6 7 8 9 ⑩ ⑪ ⑫

レンジャクとヤドリギの相関性

キレンジャクと同様にヤドリギの実が大好物。実の採食後、排泄した粘着性の強い糞がほかの木に付着し、付いた種子から新たにヤドリギの芽が出る。

131

マヒワ

成鳥雄。頭頂と喉は黒く、体上面は黄緑色で、黒い翼帯がある。尾羽は中央が凹んだ凹尾。

成鳥雌。全体に雄ほど黄色みはなく、頭頂からの上面には黒褐色縦斑がある。

群れで行動する。若い個体は雌雄とも成鳥よりも淡色。

大きさ	全長12.5cm
分布	ほぼ全国
鳴き声	チュイーン、チュルチュチュチュイーン
時期	①②③④⑤⑥ 7 8 ⑨⑩⑪⑫

ヒワの鶸色

カワラヒワとマヒワのヒワは、羽の鶸色（ひわ）からきていて、それが名前の語源。鶸色は柔らかい黄緑色で、どちらかというとマヒワの色が近いようだ。

黄色い体に黒い帽子のアトリ類

平地から山地の林や草地などに、ふつうは群れで行動している。飛び方は波状飛行で、群れ全体でも波状飛行になって飛ぶ。針葉樹の細かい種子やハンノキ類の種子を好んで採食し、春先には地上でタンポポやアカザ、マツヨイグサの種子をよく食べる。繁殖の多くはシベリヤ東南部で行われ、日本では中部地方以北の山地などで少数が繁殖する程度。

雄。夏羽は頭から背にかけて真っ黒で、冬羽は黒い部分に白い小斑がある。胸や肩羽は橙色。

雌。頭部は灰褐色で、黒い頭側線がある。全体には雄よりも淡色。

ねぐらに集まってきた群れ。ねぐらでは特に大群になり、このときは数十万羽と言われた。

山麓　冬鳥

花が咲いたように枯れ木に集まるアトリ類

平地から山地の林、農耕地、草地などに大群でいることが多い。都心近くの公園に姿を見せるときは、小群でのことが多い。木の種子や新芽などを採食し、ときにはサクラの花蜜を吸うこともある。農耕地の裸地などを大群が同一方向に動き、一瞬地震が起きたような錯覚を起こすこともあった。移動しながら採食し、数十メートル飛んではまた採食する。

大きさ	全長16cm
分布	ほぼ全国
鳴き声	キョッキョッ
時期	①②③④⑤ ⑨⑩⑪⑫

名前の語源

漢字名は花鶏や獦子鳥。大群が同一方向に移動する様が獲物を追い立てる勢子のようだとして、狩りに関係した意味の名が付けられたという説がある。

スズメ目	ホオジロ科

カシラダカ

成鳥冬羽雄。頭頂や頬部は
黒褐色で、目の後方からの
側頭線と頬線は白っぽい。
肩羽や脇羽は赤茶色。

山麓 冬鳥

成鳥冬羽雌。雄よりも全体に淡色で、
夏羽でもさほど変化はない。

成鳥夏羽雄。頭部が黒くなり、赤茶色
の部分もはっきりする。

大きさ	全長15cm
分布	ほぼ全国
鳴き声	チッ
時期	①②③④⑤ ⑨⑩⑪⑫

名前の語源

名前だけ聞くとタカの仲間のように思
うかも知れないが、頭頂部の羽を逆立
てることから付けられた。だが、頭頂
部の羽を逆立てる種はほかにもいる。

頭頂の羽を立てる
ホオジロ類

平地から山地の疎林や林縁部に生息し、何か
に驚くと、その場からすぐ上の木に飛び上が
る。危険が遠ざかると再び地上に下り、草木
の種子を採食する。数十年前までは多数が渡
来していたが、二十数年前から減少し、数年
前には絶滅危惧種Ⅱ類に指定された。その後
の数に大きな増減は見られず、さほど増えた
印象はないので、観察の機会は少ない。

ミヤマホオジロ

雄。冬羽なので頭頂や頬、
胸などの黒い部分に白みが
見られる。夏羽はそこが真
っ黒になる。

雌。全体に雄ほどはっきり
した色ではなく、頭部の黄
色みも薄い。

山麓 冬鳥

眉斑と喉が黄色い
ホオジロ類

ほぼ全国で記録されるが、西の方が多い傾向
があり、特に九州の山地には多い。多くは冬
鳥として記録され、長崎県対馬では少数が繁
殖している。主に林縁部を好み、冠羽を逆立
てて地上を跳ね歩き、草木の種子やクモ類、
昆虫類を採食する。危険を感じると高い所に
は上がらずに、近くの茂みへ隠れる。移動時
も外へは出ずに、潅木林の中を移動する。

大きさ	全長15.5cm
分布	ほぼ全国
鳴き声	チッツ
時期	①②③④⑤⑥⑦⑧⑨⑩⑪⑫

上品で優雅な鳥?

エレガンスという学名が付いている。
黒、黄色、白がくっきりしていて、派
手すぎない美しさが人気なのだろう
か。カメラマン人気もかなり高い鳥だ。

ハスの花が咲いている瓢湖。葉の上で休憩中のヨシゴイ

第 **5** 章

水辺

川や湖沼、干潟などの水辺

セッカ

雌雄同色。頭頂からの上面は黄褐色で、背などには黒い斑があり、尾羽の先端部分は白い。雄は口の中が黒い。

越冬期には草むらやアシ原の地上を歩きまわって採食している。雌の口の中は黒くない。

大きさ	全長12.5〜13.5cm
分　布	関東地方以南
鳴き声	チュッ
時　期	①②③④⑤⑥⑦⑧⑨⑩⑪⑫

名前の語源

漢字名は、「雪加」や「雪下」。はっきりしたことは不明だが、白い穂のチガヤがある場所を好み、その穂を巣材にもすることから付いたのだろうか。

草原で鳴きながら飛び上がるスズメよりも小さい小鳥

春先から夏にかけて、草原の上空を「ヒッヒッ…」と鳴きながら上昇し、「チャッチャッ…」と鳴きながら下降することを繰り返す。しばらくすると、アシの穂などの高い場所に止まり、そこで休息したり鳴いたりする。巣は草をクモの糸で縫い付けるようにして楕円形に作り、ヒナを育てる。冬場に姿を見ることは少ないが、同一場所の地上近くにいる。

水辺留鳥

セグロセキレイ

雌雄ほぼ同色。額から眉斑
と腹部は白くほかは黒い。
背からの上面は雄は真っ黒
で、雌は灰色みがある。

雌。雄よりも上面の色は薄
いが、光線の具合でわかり
にくいことも多い。

水辺 留鳥

背の黒さが際立つ
セキレイ類

川原の主に中流域に生息し、雌雄は晩秋の頃
には番いになって、一緒に越冬した後に繁殖
に入る。よく姿を見かける越冬中は、川原を
歩いて採食したり、石の上を飛んだりしなが
ら移動している。よく似ているハクセキレイ
も同じような行動をするので、見間違えるこ
ともある。川原では川虫類のほか、飛んでい
る小昆虫類をフライキャッチで捕らえる。

大きさ	全長18〜21cm
分布	九州以北
鳴き声	ジュジュ
時期	①②③④⑤⑥⑦⑧⑨⑩⑪⑫

よく似た2種の見分け方

よく似ているセグロセキレイとハクセ
キレイの違い。セグロセキレイの顔は
黒くて、白い線がある。ハクセキレイ
は顔が白くて、黒い線がある。

イカルチドリ

雌雄ほぼ同色。雄。額と眉斑は白く、頭頂からの上面は灰褐色。胸には黒い帯がある。

雌。前頭の黒い部分には褐色みがあり、胸の黒い帯も細くて淡い。

水辺留鳥

大きさ	全長19〜21cm
分 布	九州以北
鳴き声	ピュ、ピィピィ
時 期	①②③④⑤⑥⑦⑧⑨⑩⑪⑫

名前の語源

「イカル」は、「厳めしい」や「大きい」ことを意味する古語なのだそうだ。同じ仲間のコチドリに比べて、体が大きいことから付いた名前なのだろうか。

川の上流に生息する
チドリ類

砂礫地や小石が散らばる河川や湖沼畔などに生息し、一年を通して番いでいるが、冬場には小群になって生活することもある。危険がない限りは、あまり大きな移動はしない。雪国でもあまり移動はしないが、若い個体は多少の移動はするようだ。小石がある場所で休息し、砂礫地などを歩いては小昆虫類などを採食する。そしてまた、休息を繰り返す。

イソシギ

雌雄同色。夏羽。頭頂からの上面は暗緑褐色で、黒褐色の軸斑と横斑がある。胸側に白い部分が入り込む。

若鳥。雨覆の羽縁部分は黄褐色で、その内側に黒線がある。

腰を上下に振りながら歩くシギ類

繁殖は九州以北で行い、雪国のものは冬期に南部へ移動し、南西諸島では冬鳥。越冬中は１羽で行動していることが多く、近くに別個体が来ると争いになる。浅い水辺や小石の上を腰を振りながら動きまわり、水中から水生昆虫類の幼虫や飛び交うユスリカなどを主に捕り、小魚や小昆虫類なども捕る。移動時には翼を振るわすような羽ばたき方で飛ぶ。

水辺留鳥

大きさ	全長19〜21cm
分 布	中部地方以北、南西諸島
鳴き声	チーリリ、ピィー
時 期	①②③④⑤⑥⑦⑧⑨⑩⑪⑫

磯にはあまりいない

名前には磯と付いているが、好んで生息する環境は、川の上流や湖沼畔であることが多い。それでも、越冬中には岩礁や砂泥地の海岸でも見られる。

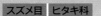

イソヒヨドリ

成鳥雄。頭から背にかけては明るい青色で、雨覆や風切は黒い。腹部はレンガ色で、脛は青い。

雌。頭から背、喉からの体下面は灰褐色で、黒褐色の斑がある。

水辺 留鳥

大きさ	全長25.5cm
分布	ほぼ全国
鳴き声	ヒッヒッ
時期	① ② ③ ④ ⑤ ⑥ ⑦ ⑧ ⑨ ⑩ ⑪ ⑫

ヒヨドリの仲間ではない

イソヒヨドリはヒタキ科の鳥。イソヒヨドリの仲間は大陸にいて、その多くは山岳地帯の岩棚のある森林に生息し、本種だけが海岸沿いに生息する。

海岸の岩の上に止まる青い鳥

海岸の岩礁や岩壁などに多く生息していたが、近年は都心部のビル街や河川、ダムなどでも姿を見るようになり、かなり生息域を広げてきている。繁殖は岩や建造物の隙間などに営巣して行い、非繁殖期は1羽で行動するものが多い。尾羽をゆっくり上下に動かしながら獲物を探し、昆虫類やトカゲ、フナムシなど多種にわたる動物質のものを採食する。

ゴイサギ

頭頂からの後頸と背などは紺色で、頭頂には長くて白い2本の飾り羽がある。翼は灰褐色で、腹部は白い。

幼鳥。全体が灰褐色で、白っぽい斑があるので、星五位という異名がある。

2年目の若鳥。背や肩羽が紺色で、ほかは幼鳥羽のままだ。

水辺 留鳥

夜烏の異名がある
サギ類

ほぼ全国で見られるが、雪国では冬期は暖地へ移動し、南西諸島では冬鳥が多い。平地から丘陵地の林に多数でコロニーを作って繁殖していたが、近年はその数が減少傾向にある。日中に採食するものもいるが、活発に行動するのは朝夕が多く、夜間に行動する個体は早朝にねぐらへ帰る。主に魚を捕り、ザリガニやエビ、カエル、トカゲなども食べる。

大きさ	全長58〜65cm
分 布	ほぼ全国
鳴き声	ゴァ
時 期	①②③④⑤⑥⑦⑧⑨⑩⑪⑫

名前の語源

平家物語に、醍醐天皇から貴族の階級である五位の位を与えられ、これからはサギ類の王であれと言われ、ゴイサギになったと記されているという。

ペリカン目｜サギ科

ダイサギ

雌雄同色。夏羽は背に細かい飾り羽があり、くちばしは黒くて、目先は婚姻色のブルーになっている。

非繁殖期には、亜種に関係なくくちばしは黄色い。口角は目より後方。

チュウサギ。非繁殖期のくちばしは黄色くて、先端は黒い。口角は目より手前。

水辺 留鳥

大きさ	全長80〜104cm
分布	ほぼ全国
鳴き声	ゴワッ、ガァァァ
時期	① ② ③ ④ ⑤ ⑥ ⑦ ⑧ ⑨ ⑩ ⑪ ⑫

シラサギという鳥はいない

コサギ、チュウサギ、ダイサギの三種をシラサギ類と呼ぶことが多いが、このほかに、夏羽になると橙色になるアマサギ、迷鳥のカラシラサギもいる。

シラサギ類ではいちばん大きいシラサギ

北海道以外の全国で見られ、国内で繁殖するグループと越冬のため渡来するグループがいる。一年中見られるダイサギが、同じ個体かと思ってしまうが、繁殖するのは亜種チュウダイサギで、越冬しているのは亜種ダイサギである。亜種ダイサギは大きくて、サギ類最大と言われていたアオサギよりも大きい。どちらも魚やは虫類、両生類などを食べる。

144

コサギ

雌雄同色。くちばしと足は黒く、足指は黄色い。ほかのシラサギ類のくちばしは、非繁殖期に黄色くなる。

川で、婚姻色のオイカワの雄を捕らえた。

季節に関係なく群れで行動し、移動するときも群れで飛ぶことが多い。

水辺 留鳥

足指が黄色い シラサギ類

一年中見られるが、一部は国外へ渡る。繁殖は平地の林に、ほかのサギ類も一緒にコロニーを作って行う。河川や池、水田などの水のある場所で、魚を中心にザリガニやエビ、カエル、昆虫類なども捕る。足指を水中に入れて震わせて獲物を物陰から追い出したり、翼を羽ばたかせて獲物を驚かせたり、カワウの漁を利用したりして、獲物を捕らえる。

大きさ	全長55〜65cm
分 布	本州以南
鳴き声	ガアー
時 期	❶❷❸❹❺❻❼❽❾❿⓫⓬

サギという名前の語源

透明な美しい羽を「鷺」と言ったとか、騒がしく鳴くことから「さわぎ」や、飾り羽の細毛からの「さやけ」が転じたなどと、いろいろな説がある。

ペリカン目｜サギ科

アオサギ

雌雄同色。全体に青みのある灰色で、眉斑から後頭にかけて黒い帯があり、後頭の羽は長く伸びて冠羽になる。

若鳥。全体に灰色で、黒い部分は成鳥よりも多少淡色。

飛翔時には灰色と黒のツートンカラーがよく目立つ。

大きさ	全長93cm
分布	ほぼ全国
鳴き声	ゴワッ
時期	①②③④⑤⑥⑦⑧⑨⑩⑪⑫

何でも食べる悪食

魚類のほか、ドブネズミやヘビ、小鳥のヒナ、カエルなど、何でも食べる。大きい獲物はまずくちばしで刺して仕留め、その後外してから食べる。

悪食の大きなサギ類

40年ほど前までは、見るのも苦労するほどの生息数だった。しかし現在では、日本の東西南北の海岸線、また三千メートル級の高所でも、日本全国のどこにでも生息するようになり、人を全く恐れない個体も結構見かける。巣は高木の枝上に作って繁殖する。ゴイサギは、増えたアオサギに繁殖地を追われてしまい、それで減少してしまった可能性もある。

雌雄同色。全体に黒く、わ
ずかに緑色の光沢がある。
肩羽や翼は茶褐色。

カワウ

成鳥。頭部と脛に白い羽が見えるのは
婚姻色だ。

若鳥。腹部が白っぽい。水に潜った後
にはよく翼を乾かしている。

翼を広げて日光浴する
黒い鳥

常に集団で行動している。繁殖はコロニーで、
樹上に小枝を積み重ねて皿形の巣を作り、3
〜4個の卵を産んで育雛する。ほぼ一年中繁
殖しているので、どんどん増加するばかりだ。
採食も集団で行い、水中に一斉に潜って魚を
追いまわして捕らえる。獲物の多くは魚で、
淡水域ではフナやコイ、ナマズなどで、自分
の体と同等くらいの大きさのものも食べる。

大きさ	全長80〜101cm
分 布	ほぼ全国
鳴き声	グルルル、コァコァ
時 期	①②③④⑤⑥⑦⑧⑨⑩⑪⑫

よく日光浴をする

ウ類の翼はほかの水鳥に比べ、水をは
じく油分が少ないという。水分を吸収
しやすい状態では困るので、しょっち
ゅう翼を広げて乾かしている。

タカ目　｜　タカ科

トビ

雌雄同色。成鳥。腹部は一様に茶褐色で、白っぽい縦斑はあまりない。幼鳥ほど白っぽい縦斑が目立つ。

若鳥。胸からの体下面は茶褐色で、白っぽい縦斑が見られる。

水辺　留鳥

大きさ	全長♂58.5、♀68.5cm
分　布	ほぼ全国
鳴き声	ピィーヒョロロ
時　期	① ② ③ ④ ⑤ ⑥ ⑦ ⑧ ⑨ ⑩ ⑪ ⑫

名前の語源

トビは、飛翔力が優れていることから「飛ぶ」が転じてトビになった。確かに、翼を羽ばたかせずに風に乗り、いつまでも上空に漂っている。

人の手からでも食べものを横取りするタカ類

標準和名はトビだが、一般的には「トンビ」と呼ぶ人も多い。非繁殖期には群れで行動しているのが普通で、輪を描くように上空を旋回して、地上の獲物を探している。屍肉やカエル、ミミズ、人間の捨てた残飯、水産加工場から出た廃棄物などもよく食べる。近年は観光地などで、背後から飛んできて、人の手から食べ物を奪う行動がよく報道される。

オオジュリン

冬羽雄。頭部に夏羽の黒い羽がわずかに見えてきた。3月下旬頃になると、成鳥の頭部は黒くなってくる。

冬羽雌。雄よりもわずかに淡色で、頭部に黒い部分はない。

夏羽雄。頭部と喉部は黒い。冬羽に比べて上面は茶褐色みがある。

水辺漂鳥

アシ原に依存するホオジロ類

繁殖は青森県北部と北海道で行われ、越冬期はそれよりも南のアシ原で生息する。普通は小群で行動し、アシの茎から茎を移動し、くちばしでアシの葉鞘をむしり取って、中にいるカイガラムシ類を採食する。4月上旬頃には繁殖地へと移動するが、若い個体は下旬頃までアシ原にとどまっていることが多い。渡りが近づくと、雄の頭部は黒っぽくなる。

大きさ	全長16cm
分布	ほぼ全国
鳴き声	チュイーン
時期	①②③④⑤⑥⑦⑧⑨⑩⑪⑫

羽色の変化の仕方

雄の冬羽では茶色っぽい部分が、夏羽になると黒くなる。これは、茶色っぽい羽の羽先が擦れてなくなり、中側の黒い部分が見えてきたものだ。

スズメ目 | セキレイ科

キセキレイ

夏羽雄。頭頂からの上面は黄緑色みのある灰色で、眉斑と頬線は白い。喉は黒くて、腹部と腰部は黄色い。

冬羽雌。雌は夏羽でも喉が白い。冬羽では雌雄の識別は難しい。

水辺漂鳥

大きさ	全長20cm
分布	ほぼ全国
鳴き声	チチンチチン
時期	①②③④⑤⑥⑦⑧⑨⑩⑪⑫

セキレイの川での棲み分け

国内で繁殖するセキレイ類3種は主に、キセキレイが川の上流、セグロセキレイが中流、ハクセキレイが下流と、なんとなく棲み分けられている。

渓流に棲む黄色いセキレイ類

繁殖は、山地から高山までの渓流沿いや沢、河川、湖沼などの、崖や建造物の棚や隙間などに営巣して行う。非繁殖期は一定の縄張りを持って1羽で行動し、南西諸島やそれよりも南にまで移動するものもいる。常に尾羽を上下に振りながら、主に水辺を歩きまわって水生昆虫類を採食し、ときどき空中に飛び上がっては、飛んでいる昆虫類も捕らえる。

シロチドリ

雌雄ほぼ同色。雄。前頭部
には黒い帯があり、過眼線
も黒い。

雌。前頭部に黒い帯はなく、過眼線も
黒くはない。腹の下にヒナがいる。

雄。南西諸島で越冬するものに頭頂部
が茶色い個体がいる。

水辺漂鳥

千鳥足で歩く
チドリ類

主に海岸沿いの砂地を好んで繁殖するが、コ
アジサシのコロニーに巣を作ることも多い。
浅い窪地に貝殻や木片などを敷いて簡単な巣
を作り、普通3〜4個の卵を産む。越冬期は
海岸の砂浜、河口、干潟、埋立地などに群れ
でいることが普通。潮の干満に影響されて生
活し、干潮時にはせわしなく歩きまわって、
甲殻類やゴカイ類、貝類などを採食する。

大きさ	全長15〜17.5cm
分布	ほぼ全国
鳴き声	ピル、ピイルル
時期	①②③④⑤⑥⑦⑧⑨⑩⑪⑫

千鳥足

チドリ類は数歩歩いては急に止まり、
その途端に瞬時に右や左へと曲がって
は採食する。方向が定まらない酔っ払
いの歩き方もそう呼ばれた。

カンムリカイツブリ

雌雄同色。冬羽。頭頂部と目先が黒く、顔からの体下面は白い。後頸からの上面は黒褐色。

夏羽。頭頂には黒い、顔にも赤褐色と黒の飾り羽がある。後頸からの上面は赤褐色みがある。

大きさ	全長46～61cm
分 布	本州以南
鳴き声	ガガ…
時 期	①②③④⑤⑥⑦⑧⑨⑩⑪⑫

カンムリカイツブリの求愛ダンス

求愛は独特で、雌雄ともに冠羽を逆立て、顔まわりの飾り羽も目一杯広げて向き合う。両方がくちばしに枯れ草などをくわえ、頸を左右に振り合う。

頭の飾り羽が目立つ
大きなカイツブリ類

ほぼ全国で見られるが、北海道では南部だけで、九州以南では冬鳥。以前は青森県だけでしか繁殖は見られなかったが、現在は近畿地方以北の本州で、局地的だが繁殖している。冬には1羽から数十羽の小群で行動し、3～4月頃になると、湾内や沿岸などで大群が見られることもある。潜水して、魚類を中心に水生昆虫類やエビなども捕らえる。

ウミネコ

雌雄同色。成鳥冬羽。頭部には灰色みがあり、上面は濃青灰色で体下面は白い。尾羽も白く、先端は黒い。

幼鳥。全体に褐色で、くちばしに赤い部分はない。成鳥になるまで4年はかかる。

成鳥夏羽。頭部は真っ白。成鳥のくちばしは黄色く、先端部は赤と黒。

子猫のような声で鳴くカモメ類

越冬期は全国の堤防や岩場、砂浜、干潟などで群れが見られ、繁殖は九州北部から北の島しょの岩棚などで行う。群れは何の前振れもなく一斉に飛び立ち、また、元の位置に戻ることをよく繰り返す。漁港や水産加工場から出るあらや、海面近くに浮いてきた魚などを捕って食べる。水溜まりや河川などの淡水で水浴びし、体に付いた塩分を落としている。

大きさ	全長44～47cm
分布	ほぼ全国
鳴き声	ミャー、アー
時期	① ② ③ ④ ⑤ ⑥ ⑦ ⑧ ⑨ ⑩ ⑪ ⑫

繁殖地は天然記念物

日本近海だけにしか生息していないことから、青森県八戸市の蕪島や島根県出雲市の経島など、数カ所の繁殖地が天然記念物に指定されている。

水辺漂鳥

オオセグロカモメ

雌雄同色。成鳥冬羽。頭部から後頸にかけては白く、黒褐色の縦斑がある。背からの上面は灰黒色で、尾羽は白い。

飛翔時の翼は黒く見えて、翼の後縁は白い。夏羽の頭部は真っ白になる。

大きさ	全長55〜67cm
分布	ほぼ全国
鳴き声	アーゥ、キユー
時期	①②③④⑤⑥⑦⑧⑨⑩⑪⑫

カモメ類の呼び方

北海道ではカモメ類全般を、種類に関係なく「ゴメ」と呼んでいる人が多い。カモメの名前の語源は「かごめ」が転じたもので、それが略されてゴメに。

海の掃除屋と呼ばれる大型カモメ類

東北地方以北の岩棚などで繁殖し、ほぼ全国で越冬する大型のカモメ類。沿岸、沖合、内湾、港、河口などに生息する。断崖や砂浜などの海岸線を、岸に沿って飛ぶ姿をよく見かける。採食は海の掃除屋らしく、魚類や魚の加工場から出るあらや、人間の出した残飯やヒトデなども食べ、繁殖期には他の鳥の卵やヒナまで、何でもお構いなしに食べる。

ミサゴ

雌雄ほぼ同色。頭部は白く、頭頂には黒褐色の縦斑がある。過眼線から後頸を経て、上面に伸びる線は黒褐色。

喉から体下面は白く、胸には褐色の帯がある。この帯は雄は太く、雌は細い傾向がある。

水辺源鳥

停空飛行をして魚を捕る
白い大型鳥

ほぼ全国に生息するが、北海道や東北地方北部の個体は冬期、暖地へ移動する。海岸、河口、湖沼、河川などで主に生活し、切り立った岩壁の上や山林の松の木などに枝を絡めて皿形の巣を作って繁殖する。巣は何年にもわたって使うので、大きいものは縦横が2メートルを超えるものもある。水面上で停空飛行をして、足から飛び込んで主に魚類を捕る。

大きさ	全長♂54、♀64cm
分 布	ほぼ全国
鳴き声	ピョピョ…
時 期	①②③④⑤⑥⑦⑧⑨⑩⑪⑫

名前の語源

主食である魚を捕るために、常に水上を飛びまわって獲物を探す、「水探し」から付けられたという。陸の上空を飛ぶことはあるが、移動するときだけ。

155

ハヤブサ

雌雄ほぼ同色。雄。頭から
の上面は暗青灰色。胸から
の下面は白っぽく、腹部に
黒褐色の横斑がある。

雌。胸の白い部分に黒褐色の縦斑が見
える。雄よりも胸幅が広い。

幼鳥。上面は黒褐色で、淡色の羽縁がある。
腹部は白っぽく、褐色の縦斑がある。

大きさ	全長♂38〜45、♀46〜51cm
分布	九州以北
鳴き声	キイキイキイ
時期	①②③④⑤⑥⑦⑧⑨⑩⑪⑫

驚きのスピード

ハリオアマツバメの水平飛行の速さが
時速170kmというのも驚くが、ハヤ
ブサが獲物をねらって急降下する時速
350kmは、世界最高速度だという。

急降下して
獲物を捕らえる鳥

平地から山地の河川や海岸などのほか、越冬
期には湖沼や農耕地にも生息する。非繁殖地
では日中は休息していることが多く、朝夕に
小型カモ類や小鳥類を捕る。よく、飛行して
いる群れを追いかけて混乱させ、群れからは
ずれた1羽を捕らえたり、低空を飛んで地上
で休息している小鳥を飛び立たせて捕らえた
りする。繁殖は崖などの窪みに営巣する。

スズメ目｜分類科

オオヨシキリ

雌雄同色。頭頂からの上面は灰褐色で、頭頂の羽はときに逆立てる。体下面は白っぽく、胸に褐色の縦斑。

渡来したての頃は、昨年の枯れアシや潅木の上でよくさえずる。

「行行子」と騒がしく鳴くヨシキリ類

九州以北の平地から山地の、アシ原がある所に渡来する。繁殖地では雄はあまり広くはない縄張りを持ち、数カ所のソングポストで昼夜に関係なくさえずる個体もいる。一夫一妻が多いが、中には一夫多妻のものもいる。アシ原の中で、アシの茎をつたったり、上を飛んだりして移動し、昆虫類やクモ類、ときにはニワトコなどの木の実も採食する。

大きさ	全長18〜19cm
分布	九州以北
鳴き声	ジュッ
時期	1 2 3 ④ ⑤ ⑥ ⑦ ⑧ ⑨ 10 11 12

アシとヨシは同じ植物

アシは「悪し」に通じるとして、ヨシとも呼ばれる。ヨシキリ類の「ヨシ」もアシのことで、アシ原がなければ生息できない、アシ原に依存した鳥。

イワツバメ

雌雄同色。頭からの上面は黒く、頭頂や背には紺色の光沢がある。喉からの体下面は白く、足指まで白い羽がある。

建造物に作った巣に戻ってきた親鳥。腰は白っぽく、褐色の縦斑がある。

ツバメの仲間はどの種も全て、上空から飛び込むようにして一瞬で水浴びする。

水辺 夏鳥

大きさ	全長15cm
分 布	九州以北
鳴き声	ジュリジュリ
時 期	1 2 3 ④ ⑤ ⑥ ⑦ ⑧ ⑨ ⑩ 11 12

営巣場所の変化

元々は岩棚に集団営巣していたが、人間の作った建造物に巣を構える集団も多くなってきた。今でも全国に数カ所は、岩棚での集団営巣地がある。

燕尾ではないツバメ類

九州以北の平地から高山の開けた場所を好んで生息する。橋桁や建物の軒下などに集団で営巣し、飛行するときにも群れで飛んでいることが多い。巣はツバメの巣よりも天井にくっつくように作り、上部に2〜3羽のヒナが顔を出せるくらいの穴がある。飛んでいる昆虫類を捕らえるが、ときには草などに止まっている昆虫をすくい上げるようにして捕る。

コシアカツバメ

雌雄同色。雌（左）と雄（右）。雄の最外側尾羽が非常に長いので、並んでいれば雌雄を見分けられる。

雄の尾羽は飛行中でも長いことがわかる。体下面は淡いバフ色で、黒褐色の縦斑がある。

腰がレンガ色の
ツバメ類

多くは海岸から市街地の開けた場所に、局地的だがほぼ全国で繁殖している。巣は建造物などの壁に、泥と枯れ草を混ぜて唾液で固め、徳利を縦に割って貼り付けたような形のものを作る。普通は集団で営巣するが、1巣のこともある。番いか小群で生活し、主に水面の上を羽ばたきと滑翔を交えながら飛び、飛んでいる昆虫類を飛びながら採食する。

大きさ	全長19cm
分布	九州以北
鳴き声	ジュリ
時期	④⑤⑥⑦⑧⑨⑩ 11 12

腰が赤いツバメ

ほかのツバメ類よりも滑翔飛行を多くするせいか、名前の通りの赤っぽい腰がよく見える。早く飛んでいても、結構目立つのでわかりやすい。

水辺 夏鳥

コチドリ

雌雄ほぼ同色。雌。額と眉斑、喉から首回りは白く、目先と過眼線は黒いが、雌は目の後方に褐色みがある。

雄。黒い部分に褐色みはない。雌雄ともアイリングは黄色く、上面は淡褐色。

水辺

夏鳥

大きさ	全長14〜17cm
分布	九州以北
鳴き声	ピィ、ピョピョ
時期	1 2 ③④⑤⑥⑦⑧⑨ 10 11 12

名前の語源

千羽もの大群になる鳥で千鳥。チドリ類の中で一番小さくて「コ」が付いた。近年はそんな大群を見る機会はなく、せいぜいがシロチドリで100羽ほど。

黄色のアイリングが目立つチドリ類

九州以北では夏鳥で、温暖な地域では越冬する個体もいる。河川、埋立地、造成地の草の少ない砂礫地や砂泥地、農耕地などに渡来して繁殖する。地上の窪みに3〜4個の卵を産んで抱卵する。ヒナは孵化するとすぐに歩き出し、親の後を追いかけて自分で採食する。小走りに歩いては急に方向を変えたりして、ユスリカなどの小型昆虫類をよく捕らえる。

チドリ目 カモメ科

コアジサシ

雌雄同色。額と顔からの体は
白く、頭頂から後頭と過眼線
は黒い。足は黄橙色で、雄の
方が濃い傾向がある。

水中に飛び込んで、くちばしで小魚を
はさんで出てきた。

水面上で停空飛行する
白い鳥

本州以南の海岸、内湾、河口、河川、湖沼な
どに群れで渡来する。海岸の砂地や埋立地、
川原などの砂地にもコロニーを作り、浅い窪
みに貝殻や木片、小石などを敷いて、2〜4
個の卵を産んで繁殖する。繁殖地に犬や人間
などが近づくと、一斉に飛び立って、次々に
急降下して威嚇し追い払う。主に魚類を空中
から飛び込んで、くちばしに挟んで捕らえる。

大きさ	全長22〜28cm
分布	本州以南
鳴き声	キリィキリィ
時期	1 2 3 ④ ⑤ ⑥ ⑦ ⑧ ⑨ ⑩ 11 12

名前の語源

アジは魚の総称。魚を突き刺して捕る
こともあるかもしれないが、差し挟む
ように捕ることから鯵刺となり、仲間
の中で一番小さいので「コ」が付いた。

ペリカン目 | サギ科

ササゴイ

雌雄同色。全体に淡青灰色で、青みのある黒色の冠羽がある。淡紺色の翼の羽縁は白く、笹の葉模様に見える。

飛翔時は頸をS字に曲げて、直線的に飛行する。

水辺
夏鳥

大きさ	40～48cm
分布	九州以北～北海道南部
鳴き声	キュウ
時期	1 2 3 **4 5 6 7 8 9 10** 11 12

獲物の捕り方

一部の地域では、人が与えたパン屑や木片、昆虫類などを水面に置いてじっと待ち、それに近づいてきた魚を捕るという、疑似餌釣りをする個体がいる。

笹の葉模様の翼の
サギ類

ほぼ全国に渡来し、河川や湖沼、池などが近くにある林で繁殖する。巣はコロニーを作って行うがあまり多数ではない。特に朝夕に活発に行動し、川岸や浅瀬などを背をかがめるようにして歩き、立ち止まるとじっと水面を見つめ、電光石火で魚を捕らえる。獲物が大きいときは、上嘴で刺すこともある。ヒナには飲み込んだ獲物を半消化して与える。

ヨシゴイ

雌雄ほぼ同色。雄。頭頂は黒く、上面は茶褐色。喉からの体下面は淡い黄白色で、前頸に褐色の縦斑がある。

雌。頭頂は雄ほど黒くはなく、上面に白っぽい斑がある。前頸に5本ある褐色の縦斑が目立つ。

水辺 夏鳥

アシに擬態するサギ類

アシ原のある湖沼や池、河川、湿地などで生活する。営巣は、アシとガマやマコモなどが交じる場所で、ガマの葉やマコモの葉を折り曲げて屋根のようにしてアシに作る。昼夜に関係なく一日中行動し、主に魚を捕るが、ザリガニやエビ類、カエル、昆虫類なども捕る。魚を捕るときにはじっと水面をにらみ、獲物が近づくと、素早くくちばしで捕らえる。

大きさ	全長31～38cm
分布	ほぼ全国
鳴き声	ウーウーウー
時期	1 2 3 **4 5 6 7 8 9 10** 11 12

擬態の名人

危険が近づくと、アシに止まって体を細く伸ばし、くちばしを天に向け、アシになりきったように擬態する。まれに、アシ原以外でもこの擬態をする。

163

ハマシギ

雌雄同色。夏羽。頭頂部と
上面は淡い茶色で、黒い斑
があり、腹部は黒い。くち
ばしはわずかに下に湾曲し
ている。

冬羽。上面は灰褐色で、黒褐色の縦斑
が見られる。腹部は白っぽい。

群れで飛ぶ姿は壮観だ。年齢に関係な
く白い翼帯がある。

大きさ	全長16〜22cm
分 布	全国
鳴き声	ピリー、ピュル
時 期	❶❷❸❹❺ 6 7 ❽❾❿⓫⓬

統制の取れた美しい飛翔

群れが何かに驚いて飛び立つと、ひと
かたまりで飛んではひるがえる。上面
の褐色と下面の白が交互に見えて、応
援の紅白の旗振りのように美しい。

群れで越冬する
小型シギ類

ほぼ全国の干潟、河口、汽水湖、海岸の砂浜
や岩場、水田、湿地、湖沼や池の湿泥地など
いろいろな場所で見られ、大きい群れは千羽
以上のこともある。海水域では貝類やゴカイ
などを捕り、淡水域では陸生の貝類や甲殻類、
ミミズ類や昆虫の幼虫などを捕る。干潟では
潮の干満に左右され、干潮時に採食し、満潮
になると後背湿地などへ飛んで休息する。

ミユビシギ

雌雄同色。夏羽。頭部から
胸と上面は赤褐色で、黒褐
色の斑があり、羽縁はわず
かに白く、腹部も白い。

幼鳥。全体に白っぽくて、各羽には淡黒
褐色の斑があり、翼角部分は黒っぽい。

冬羽。上面は全体に灰色で、喉からの
体下面は白い。

水辺 冬鳥

波打ち際を
走り回るシギ類

ほぼ全国の海岸の砂浜や干潟、河口などに群
れで生息する。春と秋の渡り期には大群のこ
とが多く、越冬期には小群でいることが多い
が、場所によっては数百羽くらいになること
もある。主な採食場は波打ち際や干潟で、甲
殻類の幼生やほかのプランクトンなどを採食
し、干潟では特に貝類の幼生やゴカイを捕り、
岩場では海苔なども採食している。

大きさ	全長20〜21cm
分 布	ほぼ全国
鳴き声	クリュ、チュッ
時 期	①②③④⑤ 6 7 8 ⑨⑩⑪⑫

ゼンマイ仕掛けの足運び

砂浜で群れでの採食中、波が寄せると
転がるように陸側へ走り、波が引くと
再び波打ち際へ走ることを繰り返す。
おもちゃのような駆け足に驚く。

ユリカモメ

雌雄同色。成鳥冬羽。頭から背と体は白く、目の上と耳羽の後方に灰黒色の斑があり、翼全体は淡い青灰色。

夏羽。くちばしと足は赤黒くなり、頭は濃い焦茶色になる。

幼鳥。くちばしと足は淡橙色で、翼には黒褐色の斑がある。

水辺

冬鳥

大きさ	全長37〜43cm
分布	ほぼ全国
鳴き声	ギーィ
時期	① ② ③ ④ ⑤ ⑥ 7 8 ⑨ ⑩ ⑪ ⑫

名前の語源

ユリの花のように白くて綺麗だとか、「入れ江カモメ」が転じたや、古語で「後ろ」という意味の「ユリ」を付けたという説もあるが、詳細は不明。

くちばしと足が赤い
小型カモメ類

ほぼ全国の沿岸、内湾、港、河口、湖沼や池、河川などに生息。夜間は、海上や湖沼の中央、広い河川の中州などで休息し、早朝に採食場へと移動する。内陸へ移動したものは夕方には河口などへ戻る。水面の１〜２メートル上空から飛び込んで、小魚やゴカイを捕ったり、浮いている魚をすくい上げたりする。水産加工場から出たあらなどもよく食べる。

カモメ

雌雄同色。夏羽。嘴と足は黄色く、頭からの体下面は白い。上面は青灰色で、翼の先は黒く、白い斑点がある。

冬羽。頭部には褐色の胡麻塩斑がある。ほかは夏羽と変わらない。

幼鳥。全体に褐色みのある色で、肩羽や雨覆は籠の目模様だ。

カモメという名前のカモメ類

ほぼ全国の沿岸、沖合、内湾、港、河口などに生息するものが多く、内陸の池や湖沼、河川にも入る。西日本に多い傾向があったが、近年では北海道などでも普通に見られるようになった。群れで行動し、ほかの大型カモメ類に交じることもある。水面上を飛びながらくちばしで獲物をすくい上げ、魚類やそのあら、ゴカイ類やエビ類などをよく食べる。

大きさ	全長40〜46cm
分 布	九州以北
鳴き声	キュー、アゥ
時 期	①②③④⑤ 6 7 8 9 ⑩⑪⑫

名前の語源

幼鳥の羽の模様が籠の目のように見えるとして籠目。カゴメが転じてカモメになったという。カモメ類全般の幼鳥は、成鳥とはだいぶ羽色が違う。

チドリ目 | カモメ科

セグロカモメ

雌雄同色。夏羽。頭からの体下面は白く、上面は淡青灰色。くちばしは黄色く、下嘴の先端近くに赤い斑がある。

冬羽。頭部には褐色の斑があり、ほかはほとんど夏羽と変わらない。

水辺 冬鳥

大きさ	全長55〜67cm
分 布	ほぼ全国
鳴き声	アーゥ
時 期	① ② ③ ④ ⑤　　　　⑩ ⑪ ⑫

種や亜種の分類は難しい

セグロカモメの仲間はよく似ている種が多い上に、亜種の分類も複雑なようだ。どのように分類していくかは、欧米諸国でも意見が分かれることが多い。

防波堤に並んでいる 大型のカモメ類

ほぼ全国の沿岸、沖合、内湾、港、河口に多く見られ、大型カモメ類の中では内陸の湖沼や池、河川などにも１羽で入ることがある種類だ。以前は厳寒期の東北地方以北にはあまりいなかったが、近年は普通に生息するようになった。魚などの食べ物を見つけると、水面に下りたってくわえることが多いが、水面を泳ぎながら食べ物を捕ることもある。

168

カモ目 ｜ カモ科

オオハクチョウ

雌雄同色。左が成鳥で、後ろの2羽は幼鳥。幼鳥は徐々に換羽して、渡去する3月頃には真っ白になる。

水田地帯に群れで下り立った。この後は家族単位で散らばって採食する。

頸を伸ばし、隊列を組んで移動するのが普通。

冬の使者と呼ばれる ハクチョウ類

千島列島経由で北海道に入り、その後徐々に本州まで南下する。越冬地はほぼ決まった湖沼や池で、餌付けが行われている所もある。水面で休息し、朝は10時頃までには近くの採食場の水田地帯などへ行き、水草やその根、青草、落ち穂などの植物質のものを食べる。十分に食べると頭を背に乗せて休息し、夕方にはねぐらにしている湖沼などへ戻る。

大きさ	全長140〜165cm
分布	北海道、本州の越冬地
鳴き声	コゥー
時期	① ② ③ ④ 5 6 7 8 ⑨ ⑩ ⑪ ⑫

頭部の色は汚れ

全体に白いのが普通だが、胸からの上部が錆色になっている個体が結構いる。これは、繁殖地や越冬地が鉄分が多い場所だったせいで、単なる汚れだ。

コハクチョウ

雌雄同色。左の灰色がかったのが若鳥で、背などに白い羽が見えてきている。右は成鳥。

コハクチョウのくちばし。黄色い部分が少なく、先端に向かって尖らない。

オオハクチョウのくちばし。黄色い部分が先端に向かって尖り気味。

大きさ	全長115～150cm
分布	関東地方以北
鳴き声	コゥー
時期	①②③④ 5 6 7 8 ⑨⑩⑪⑫

亜種の違い

日本に渡来するほとんどは亜種コハクチョウだが、まれに亜種アメリカコハクチョウも渡来する。この亜種のくちばしはほぼ黒いのでわかりやすい。

頸が太短い
ハクチョウ類

サハリン経由で北海道北部に渡来し、その後越冬地へ向かって南下する。越冬地はオオハクチョウよりも南下している。広い河川や水田、湖沼などをねぐらとし、朝の10時頃までには採食場へと移動する。天敵が近づかない限り同一場所で一日中過ごしていることが多く、採食場では食事と休息を繰り返しながら、落ち穂や青草、それらの根などを食べる。

雄。全体には褐色で、胸は
細かい小紋模様。上・下尾
筒は黒く、翼には白い部分
がある。

オカヨシガモ

雌。マガモの雌によく似ているが、翼
鏡部分が白いことで本種とわかる。

地味さが美しい
カモ類

冬期にはほぼ全国で見られ、北海道北部では
少数が繁殖している。湖沼や河川、池、海岸、
干潟などに小群か数十羽の群れで生息してい
る。日中は水面で採食したり、水底が浅い場
所では逆立ちしたりして、水底の水草やたま
った種子などを食べる。休息した後の夕方に
は水面から飛び立ち、水田や湿地などで青草
やイネ科植物の種子などを採食する。

大きさ	全長46〜58cm
分布	ほぼ全国
鳴き声	♂クッ、ウゥ、♀ガー
時期	1 2 3 4 5 6 7 8 9 10 11 12

昔は珍鳥だった

50年ほど前までは、北海道の繁殖地
か、越冬地の熊本県の江津湖などへ行
かなければ見られない珍しいカモだっ
た。今は都心の公園の池にもいる。

171

カモ目 ｜ カモ科

ヨシガモ

雄。頭頂は赤紫で顔から後頸に伸びる羽は緑色。頸は白く黒い輪がある。お尻近くの飾り羽は三列風切。

雌。全体には褐色。三列風切や後頭の羽も他の淡水カモ類の雌に比べ少し長い。

大きさ	全長46～54cm
分布	全国
鳴き声	♂ビュルル、フップ、♀グワッ
時期	❶❷❸❹ 5 6 7 8 9 ❿⓫⓬

名前の語源

雄の姿が美しいことから「容姿のよいカモ」で、ヨシガモとなったようだ。漢字名は葦鴨だが、どうやら字を間違えたかどうかしたものらしい。

ナポレオン帽子を被ったようなカモ類

以前は東北地方以北ではまれだったが、現在は局地的ではあるものの、ほぼ全国で見られる。湖沼、池、河川、内湾、港などに小群で生息する。日中は水面の中央やアシ原の陰、人が近づけないような場所で休息し、夕方になると水田や湖畔へ移動して、イネ科植物の種子などを採食する。北海道の主に北部で繁殖し、湿原や沼周辺の草地に簡単な巣を作る。

ホシハジロ

雄。頭部は赤茶色で胸は黒い。上面と脇腹は白くて黒い波状斑が密にある。

雌。頭部から胸は暗褐色で、上面や脇腹は雄よりも暗色。

雄。翼は全体に白っぽく見えるので羽白（はじろ）。

水辺 冬鳥

頭部の赤褐色と胸の黒が際立つカモ類

ほぼ全国の内湾、港、河口、湖沼、池、河川などに生息し、特にハクチョウ類が餌付けされている場所ではよく観察され、人が与えたパン屑などもよく食べる。日中は、水面の中央で休息していることが多く、夕方になると飛び立って、湖沼などの淡水域で水生植物の茎や根、海水域では貝類や甲殻類などの動物質も採食する。潜水が得意で、よく潜る。

大きさ	全長45cm
分布	全国
鳴き声	キュッ
時期	①②③④ 5 6 7 8 9 ⑩⑪⑫

名前の語源

上面の白黒模様が星を散りばめたようだからとか、虹彩が赤いことから一つ星をイメージしたからとも言われているが、はっきりした語源は不明。

キンクロハジロ

雄。頭部は黒くて紫色の光沢があり、後頭部には長い飾り羽がある。頸の下部から胸と上面は黒い。

雌。頭部は黒褐色で、後頭の飾り羽は短い。虹彩は雌雄とも黄色い。

雌。雌雄共に白い翼帯はよく目立つ。

大きさ	全長40〜47cm
分 布	全国
鳴き声	あまり鳴かない
時 期	❶❷❸❹ 5 6 7 8 9 ❿⓫⓬

名前の語源

潜水カモ類の「〜ハジロ」という名前のカモ類には、初列風切と次列風切に翼帯と呼ばれる白い部分があり、それが、「羽白」の語源である。

金(目)、黒(体)、羽白(翼)の見たままの色のカモ類

ほぼ全国で越冬し、内湾や港によく入る海水カモ類の仲間ではあるが、湖沼や池、河川にも結構入る。日中は休息していることが多いが、餌付けされている場所などでは人が与えたパン屑などもよく食べる。夕方になると飛び立って、主に海で潜水し、貝類のほかにカニやエビなどの甲殻類を採食し、淡水域では水生昆虫類や水草なども採食している。

ミコアイサ

雄。冠羽があり、全体に真っ白で、目のまわりと後頭、背などは黒い。腹部には黒い細かな斑がある。

頭部から後頸は茶褐色で、目先は黒っぽい。上面は黒褐色で、脇腹は淡灰褐色。

水辺 冬鳥

パンダガモの異名がある 潜水カモ類

北海道北部で小数が繁殖し、それよりも南ではほぼ全国で見られ、湖沼、池、河川などに冬鳥として渡来する。以前は百羽以上の群れも見られたが、近年は数羽から数十羽くらいの群れで見られることが多い。潜水して主に魚を採食し、貝類や甲殻類なども捕る。渡去が近くなる3月下旬頃にはわりと大きな群れになって行動し、その後北へ移動して行く。

大きさ	全長38〜44cm
分布	全国
鳴き声	クックッと鳴くが、あまり聞こえない
時期	①②③④⑤⑥⑦⑧⑨⑩⑪⑫

パンダ人気にあやかった異名

1970年代以前はまだ渡来数は少なかったが、その後次第に増加し始めた頃にパンダが来日した。パンダに似ているとして、パンダガモと呼ばれた。

ダイゼン

雌雄同色。夏羽。頭頂から後頸、胸側まで白い。上面は白地に黒い斑。顔から腹部までは黒い。

幼鳥。全体に白っぽくて淡黒褐色の斑が密に入っている。

冬羽や若鳥は上面が灰白色で、褐色の斑が密にある。腹部は白っぽい。

水辺 旅鳥

大きさ	全長27〜31cm
分 布	関東地方以南
鳴き声	ピューイ
時 期	①②③④⑤ 6 7 8 ⑨⑩⑪⑫

名前の語源

昔、天皇の食膳や宴会の食膳を司るその職名や場所を「大膳職」と呼んだ。そこで、肉がおいしいダイゼンがよく使われていて、その名が付いたという。

白黒模様の大形チドリ類

干潟や砂丘、河口などに渡来し、淡水域に入ることはほとんどない。干潟を歩きながらゴカイの穴にくちばしを突っ込み、上手にゴカイを引っ張り出して採食する。ゴカイのほかに、甲殻類や昆虫類なども食べるが多くはない。潮が満ちて来ると近くの防波堤や杭などに止まって休息するものが多く、後背湿地などへ飛んで行って休息するものもいる。

トウネン

雌雄同色。夏羽。頭部からの上面は赤褐色で、黒褐色の斑がある。胸からの体下面は白い。

冬羽。全体に淡灰褐色だが、喉からの体下面は白い。

幼鳥。頭頂からの上面は淡褐色で、黒い斑がある。羽色には個体変異が多い。

その年生まれの当歳児ほど小さなシギ類

渡りの時期に大群で現れるシギ類であったが、現在は多くても数百羽の群れが見られる程度だ。淡水域と海水域のどちらでも見られ、海水域ではゴカイやカニの幼生などを採食し、淡水域では地表面を突き、甲殻類や貝類などの幼生を捕り、昆虫類の幼虫も捕る。一日の大半を採食に費やし、干潮時には後背湿地で、水田などでは畔の上などで休息する。

大きさ	全長13〜16cm
分 布	ほぼ全国
鳴き声	プリィ、チュリィ
時 期	1 2 3 ❹❺ 6 7 ❽❾❿⓫ 12

名前の語源

シギ類の総称であるシギの語源は、行動からの「羽をしごく」や「羽音」、群れから「敷」や「繁」も考えられるものの、非常に難解で、不明だ。

キョウジョシギ

左が雄。頭部は白く、褐色と黒の模様が複雑。上面は茶褐色で黒い斑があり、胸は黒く腹部は白い。右側の雌は全てが淡色。

幼鳥。頭から胸と上面は淡灰褐色で、淡黒褐色の斑がある。

水辺旅鳥

大きさ	全長21〜25.5cm
分布	全国
鳴き声	キョッ、ゲレゲレ
時期	③④⑤⑥ ⑧⑨⑩ 11 12

名前の語源

漢字では京女鷸。艶やかな京都の女にたとえて名付けられたと言われ、「キョキョ」と鳴く声を「京女京女」と聞いて名付けたとも言われている。

シギ類の中でも特に
派手な模様のシギ類

ほぼ全国の海岸の砂浜、岩場、干潟、河口、河川、水田などに小群で渡来する。着地後はすぐに群れはバラバラになって採食を始め、岩の隙間からカニを捕らえたり、小石や木片、海草などをくちばしでひっくり返して、甲殻類や昆虫類を捕らえたりする。また、二枚貝を上手に開き、中身を食べたりもする。食事が終わると岩場や後背湿地などで休息する。

オオソリハシシギ

夏羽雄。頭頂からの上面は
黒褐色で、羽縁が淡色。顔
から体下面は赤褐色。雌は
体下面の赤褐色みがあまり
ない。

幼鳥。全体に淡灰褐色で、翼の辺りは
そろばん玉の模様に見える。

雌雄年齢に関係なく、腰から尾羽まで
は白っぽく、黒褐色の横斑が密にある。

水
辺
旅
鳥

くちばしが上に反った
シギ類

ほぼ全国の海岸の砂浜、岩場、干潟に渡来し、
淡水域にはあまり入らない。渡来地は春秋ど
ちらも入る場所と、春は入るが秋にはあまり
入らない場所、またその逆の場所もある。干
潟で、少し上に反ったくちばしを上手に穴に
差し込んで、ゴカイ類を主に、甲殻類や貝類
も捕る。シギ類の中では非常に警戒心が薄く、
潮干狩りをしている近くにも現れる。

大きさ	全長39cm
分 布	全国
鳴き声	ケッケッ
時 期	1 2 3 ❹❺ 6 7 ❽❾❿⓫ 12

食べる物とくちばしの形

シギ類のくちばしには、長いものから
あまり長くないもの、上に沿っている
もの、下に湾曲しているものなどがい
る。食べるものに関係した形なのだろう。

179

アジサシ

雌雄同色。夏羽。頭から後頸は黒く、上面は青灰色で、顔から胸までは白い。腹部は暗灰色。

幼鳥は額が白く、翼に黒褐色の斑が見られる。成鳥冬羽は幼鳥に似るが、翼は一様だ。

干潟の上空を群れで飛ぶ。

大きさ	全長32〜39cm
分　布	ほぼ全国
鳴き声	キュッ
時　期	1 2 3 ④ ⑤ ⑥ ⑦ ⑧ ⑨ ⑩ 11 12

長距離を渡る鳥

アジサシの仲間のキョクアジサシは、長距離を渡る鳥として有名だ。繁殖を北極で行い、越冬を南極で行うと言い、数千キロもの旅を毎年しているという。

海岸沿いを群れで飛ぶ中型アジサシ類

春秋の渡り期には海上、海岸、干潟、河口などに多く見られるが、河川や湖沼などにも入ることがある。海岸線の上空を群れで飛行し、ときどき停空飛行をして、獲物を見つけるとくちばしから水中に飛び込んで、小魚をつかみ捕る。休息時は杭やブイ、海苔養殖の竹竿などに止まっているのを見る。淡水地ではあまり長居せずに、いなくなることが多い。

外来鳥

本来、日本には生息していなかったが、人為的に持ち込まれた後に、自然状態で繁殖し、生息している鳥を外来鳥と呼んでいる。

ホンセイインコ

雄。中部地方以南で局地的に繁殖している。全体に緑色で、雄は頸に黒い輪がある。

大きさ	全長40cm
分　布	主に東京近郊

ホンセイインコ

雌。頸に輪がなく、尾羽が少し短いほかは雄とほぼ同じ。

ガビチョウ

雌雄同色。東北地方南部以南に局地的に生息し、増加傾向にある。全体に茶褐色で、目のまわりが白い。

大きさ	全長23cm
分　布	主に東北地方以南

ソウシチョウ

雌雄同色。関東地方以南の山地で繁殖し、冬期は平地で越冬する。全体がカラフルな鳥。

大きさ	全長15cm
分　布	主に東北地方以南

外来鳥

コジュケイ

雄。1919年に神奈川県で放鳥された記録があり、九州から本州まで広く繁殖している。雄の足には蹴爪がある。

大きさ	全長30cm
分　布	主に本州以南

コジュケイ

雌。足の蹴爪はない。

コブハクチョウ

雌雄同色。野生の渡来記録もあるが、現在日本各地に生息している多くは外来鳥である。

大きさ	全長125〜160cm
分　布	全国
鳴き声	ガウ

コブハクチョウ

くちばしは赤っぽく、基部に黒いコブがあるので、ほかのハクチョウ類と区別できる。

ハスの花が咲く瓢湖で獲物を探すチュウサギ

服装と
持ち物など

●服装

　服装の決まりはなく、散歩に適した服装なら大丈夫だ。目立たない地味な服装が適していて、派手な服装は避けたほうが良いと思われがちだが、私の経験では派手でも地味でも、野鳥に近づける距離にそう違いはないようだ。野鳥は色よりも人間の姿形と、大きな速い動きを嫌う場合が多く、音にも敏感だ。なので、シャラシャラと音が出るような素材や、蛍光色のものは避けたほうが良いだろう。

　ただし、場所や季節によっては擦り傷や虫さされなどの心配があるので、長袖、長ズボンが良いかもしれない。自分の好きな、楽に動ける、軽快な服装が良いだろう。

　そして、履き物にも特別な決まりはない。それこそ、散歩コースによって、好きな靴、普段履き慣れたものでどうぞ、だ。ただ、ドタドタや、カツカツなどと、歩くたびに音がしてしまう靴は避けたいものだ。また、意外と優れ物なのが長靴。湿地や浜辺へ行くときにはもちろんだが、草原を歩くときにもズボンの裾が汚れなくてすむ。だが、長靴は慣れないと歩きにくいので、よく考えて。

●持ち物など

　まずは観察道具だが、双眼鏡や望遠鏡は初めから絶対に必要だというものではない。遠くからでも、その鳥の行動をじっくり観察するなど、観察のやり方はいろいろあるからだ。でも、どちらかは持っていた方が、鳥との距離がぐっと近くなることも確かだ。特に双眼鏡は、望遠鏡のように三脚の必要はないので、散歩に気軽に携帯するのにはとても便利な観察アイテムではある。

　双眼鏡を選ぶときは、まず、実際に手に取って、自分の手にフィットするかどうか、重さと大きさを確かめたほうが良い。倍率が高くて、明るいレンズだと値段が高くなり、その物の重量も重くなるのが普通。倍率が高い物は、その分視野も狭いので、初心者の人は慣れるまで少し時間がかかるかもしれない。

　倍率は8〜10倍ぐらいで、明るさ（対物レンズの大きさ）は30〜40くらいのものをお勧めする。値段は、外国製などには20万円以上もする高価なものもあるが、私は国産のもので3万円以上くらいのものをおすすめする。

　次に望遠鏡だが、これは必ず三脚が必要なので、散歩の途中での観察には、正直言ってあまり向いてはいない。でも、双眼鏡でも遠すぎて見えにくい場合には、威力を発揮するので、いずれはきっと欲しくなるとは思う。望遠鏡の倍率はだいたい20〜60倍くらいのものが市販されていて、一般的には20〜30倍のものが多く使われているようだ。

　ほかの持ち物は、野鳥図鑑や見た鳥を記入するノート類などだ。しかし、ごく最近は図鑑やノートも含めて、すべてスマートフォンで事足りるという人も少なくないようなので、ここでは割愛する。自分の好きなもので、いくつか確かめながら、散歩するのに苦にならないようなものを見つけていったら良いと思う。

　でも、私も日本産鳥類全種の詳しい図鑑も、初心者向きに種類数を絞った図鑑も複数出しているので、どうか、書店やネットの書籍販売サイトなどで見てみてほしい。

愛用の双眼鏡。撮影機材と一緒に持つからコンパクトなことが一番の魅力。重さ300gちょっと、首にぶら下げていても邪魔にならず、カバンにもすっぽり入る。

マナーと心構え

　まわりの自然がどんどん少なくなってきている現在は、これからも多くの人が自然と楽しくかかわっていくために、1人1人がある程度は気をつけていかなければならないと思っている。自然とのかかわり方の詳しいマニュアルのようなものはないが、どんなことにでも、最低のルールはあると思うのだ。

　まわりの人はもちろん、鳥や虫、植物にも迷惑をかけないように気をつけて、自然を慈しみ、畏敬の念を持つことが大切だと思う。鳥を、花を、「見せていただく」というような謙虚な気持ちを忘れずに、夢中になりすぎて、我を忘れたりしないようにしたいものだ。

　まず、農耕地を許可もなく歩きまわったり、狭い農道に車で入ったりして、農家の人に迷惑をかけるなどということは言語道断。植物を採ったり、鳥を執拗に追いかけまわしたりすることも慎まなければならない。

　鳥には、人間が近づける最低の距離があり、それは種類や個体によってもずいぶん違う。その距離内にこちらが入ってしまえば、すぐに飛び去ってしまう。その距離を少しでも縮められるのは、あまり大きな動きをせずに、ゆっくり、音を立てないようにすることだが、これはあまり、無理をしないようにしてほしい。

　特に、営巣中だったり、まだ飛べないヒナがいたりすると、その距離内に人間が近づいても、親鳥は本当にギリギリまで我慢するし、最悪なときはその巣やヒナを放棄してしまうこともある。なので、観察する側は細心の注意を払う必要があり、近づきすぎないように、長時間の観察も行わないようにしよう。

　そして、最近は、誰もがカメラを持っていて、鳥を被写体としか考えていない人も増えてきた印象がある。人が観察したり、撮影していたりするすぐ前に進み出てきて、その場に陣取ってしまう人もいる。ジッとカメラを構えている人の前に、遮るように横から入ってくるのだから、本当に驚いてしまう。その鳥に夢中になっていて、きっと、まわりは見えなくなってしまっているのだろうが、そんなマナー違反にも気をつけてほしい。何より、鳥は大きな機材、特に三脚を嫌がると思われる。カメラや望遠鏡をつけた三脚を持っているときには、細心の注意が必要だ。

　とにかく、鳥と、鳥のいるその環境を第一に考えて、無理しない観察を心がけてほしい。

さくいん

※太い数字は、その鳥を見出しとして取り上げているページです。

紅葉したカエデでアブラムシなどを探しているシジュウカラ

あとがき

　散歩しながらの野鳥観察に少しは興味が
わいただろうか。同じ場所でも、行きに見
た鳥は帰りにはいないことがあるし、もち
ろん、その逆もある。昨日と今日とでも違
うし、極端に言えば、ほんのわずかな時間
の差でも違うので、いつも全く同じ条件で
見られるということは決してないのであ
る。季節によっても出会う鳥は大きく違う
場合があるし、だからこそ、楽しくて、も
っと知りたくなって、どんどん見たくなっ
てくると思う。

　私は物心が付いた頃には、もうすでに野
鳥の魅力にとりつかれていて、小学校低学
年の頃には「野鳥観察」が日常生活の中心
になっていた。当時は双眼鏡さえ持ってい
なかったので、なかなかハードな観察の日々
だったが、とにかく、いろいろな鳥を、毎
日、繰り返し観察していた。現在よりも自
然は残っていたし、何より、鳥そのものの
数が格段に多かったので、本当に幸せな時
代だったと思う。

　その後、大人になって、撮影するように
なり、望遠レンズをのぞいていると、「測
量ですか？」と声をかけられた。鳥を見て
いると話すと、「え？　ただ、見ているだ
け？」と、いぶかしがられたことも一度や
二度ではない。ただ、見るだけで、何が面
白いのかと、はっきり聞かれたことさえある。

　それが、昨今のバードウォッチングブー
ムだ。双眼鏡や望遠鏡を持っていれば、鳥

参考文献
●『山渓ハンディ図鑑7 新版 日本の野鳥』（山と渓谷社）
●『フィールド図鑑 日本の野鳥 第2版』（文一総合出版）
●『山渓名前図鑑 野鳥の名前』（山と渓谷社）

を見ているとすぐにわかる時代になった。バードウォッチングは相当敷居が低くなり、デジカメ繁栄の後押しもあってか、野鳥に興味を持つ人がどんどん増えている。認知度の急上昇ぶりを、少々忌々しく思ってしまうこともあるにはあるが、昔とは違った意味で、本当に良い時代になったものだと、心底嬉しく思う。

なので、今になってこそ、野鳥観察と毎日の散歩の相性の良さがよくわかるので、多くの人にぜひ、実践してもらいたいと思うのだ。毎日散歩する見慣れた環境にいる野鳥をまずはちゃんと知り、少しずつ見る範囲を変えたり広げたりしていく。一年を通して見ていけば、季節ごとの違いもわかるようになるかもしれない。そうすれば、

きっと、野鳥観察の楽しさが本当にわかってくると思う。

そして、その頃にはきっと、自分の野鳥観察のスタイルも決まってくると思う。1種類でも多くの種類を見る。一つの種類やその仲間をじっくり見る。毎回同じ場所で、一カ所だけのそこにいる野鳥を全部見る。または、写真を撮る、鳴き声を録音する、絵を描く、などのほか、自宅の庭にも鳥を呼んでみようなどなど、いろいろな楽しみ方がある。

急がず、気長に、自分に合った、自分なりの野鳥との関わり方を見つけて、野鳥や自然をもっと好きになっていってほしいと思う。

著者　叶内 拓哉 (かのうち　たくや)

1946年、東京都生まれ。東京農業大学農学部農学科卒業。卒業後9年間造園業に従事し、のちにフリーの野鳥写真家となり、現在にいたる。『フィールド図鑑日本の野鳥』『日本の鳥 300』『野鳥と木の実ハンドブック』（文一総合出版）、『山渓ハンディ図鑑7 日本の野鳥』『くらべてわかる野鳥』（山と渓谷社）ほか、著書多数。

STAFF

編　　集●ナイスク https://naisg.com/
　　　　松尾里央　岸 正章　崎山大希　鈴木陽介
デザイン●齋藤清史（志岐デザイン事務所）
イラスト●アドプラナ

散歩で出会える野鳥

著　者　叶内拓哉
　　　　かのうちたくや

発行者　深見公子

発行所　**成美堂出版**
　　　　〒162-8445　東京都新宿区新小川町1-7
　　　　電話(03)5206-8151　FAX(03)5206-8159

印　刷　共同印刷株式会社

©SEIBIDO SHUPPAN 2023 PRINTED IN JAPAN
ISBN978-4-415-33349-6